AF451706

ARITHMÉTIQUE DÉCIMALE,

THÉORIQUE ET PRATIQUE.

ARITHMÉTIQUE

DÉCIMALE,

THÉORIQUE & PRATIQUE

MISE A LA PORTÉE DES ENFANS,

PAR P.-C. VITREY,

Chef de Pensionnat à Bourbonne (Haute-Marne).

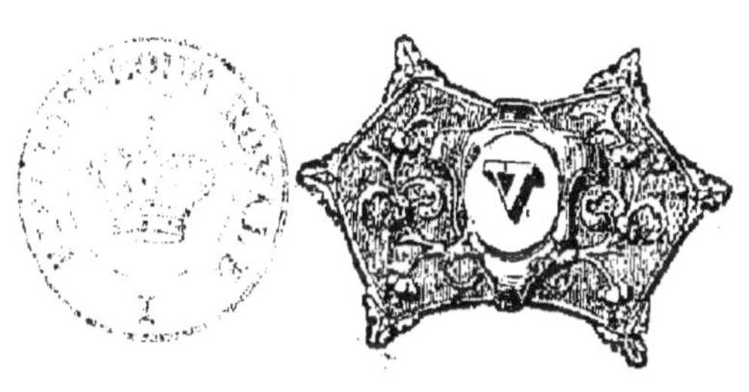

NEUFCHATEAU,

TYPOGRAPHIE DE VICTOR DE MONGEOT.

1842.
1843

A MES PARENTS,

A MES ANCIENS SUPÉRIEURS OU RÉGENTS,

A TOUS MES BIENFAITEURS,

RESPECT, AMOUR, RECONNAISSANCE!

A MON BEAU-PÈRE DÉFUNT,

AUX AMIS DE MON ENFANCE ET DE MA JEUNESSE,

TENDRE ET INEFFAÇABLE SOUVENIR!

A MES ÉLÈVES.

MES PETITS AMIS ,

En rédigeant pour vous cet exposé des principes du calcul, j'ai eu pour but de vous rendre familière la connaissance des nouvelles mesures, et de simplifier, dans toutes leurs parties, les élémens d'une science dont tout le monde reconnaît aujourd'hui l'absolue nécessité. Je veux, comme toujours, vous faire joindre une théorie exacte et rigoureuse à des exercices variés. Je tâche d'éviter deux excès contraires, mais également nuisibles, c'est – à – dire des principes purement spéculatifs et une pratique routinière. Je crois avoir, dans ce petit ouvrage, apprécié le degré de science auquel vous pouvez atteindre actuellement, et j'ai tâché de vous offrir les principes sous une forme claire et précise. J'ai rendu plus faciles quelques méthodes, par exemple celle de la règle de trois. A la théorie des proportions, j'ai rattaché ce que l'on nomme *réduction à l'unité*, parce que cette manière d'opérer vous force à raisonner d'une manière plus rigoureuse, et rend mieux compte des résultats.

bre entier avec une fraction. *Cinq jours et demi*, voilà un exemple de nombre fractionnaire.

On distingue encore les *nombres abstraits* et les *nombres concrets*.

Les nombres abstraits ne sont appliqués à aucune espèce déterminée, comme *neuf, sept,* etc.

Les nombres sont concrets lorsqu'ils sont accompagnés du nom de l'espèce des objets : comme *cinq mètres, huit kilogrammes.*

Cela posé, on peut dire que l'*arithmétique* est tout à la fois la science des quantités représentées par les nombres, et l'art des opérations à effectuer sur ces nombres.

Ces opérations sont désignées sous le nom général de *calcul.*

Calculer, c'est donc composer et décomposer les nombres.

Les opérations arithmétiques sont au nombre de quatre : l'*addition,* la *soustraction,* la *multiplication* et la *division.*

La première et la troisième servent à composer les nombres; la seconde et la quatrième servent à les décomposer.

RÉSUMÉ — QUESTIONNAIRE.

1° Qu'entend-on par *quantité,* par *unité* et par *nombres* ?

2° Combien y a-t-il d'espèces de nombres?

3° Expliquez chacune de ces espèces, et donnez des exemples?

4° Qu'est-ce que l'*arithmétique*, et qu'entend-on par *calcul ?*

5° Quelles sont les opérations du calcul?

2ᵉ LEÇON.

Numération

Avant d'exposer les principes relatifs aux opérations du calcul, il faut expliquer comment on énonce les nombres et comment on les représente par l'écriture.

La suite des nombres étant illimitée, puisque, quelque grand que soit un nombre, on peut l'augmenter d'une unité, la mémoire la plus heureuse n'aurait pu retenir tous les termes qu'il aurait fallu employer, si chaque nombre eût été énoncé par un nom particulier. D'ailleurs, comment aurait-on pu se rappeler la valeur des signes ou des chiffres, si chaque signe avait représenté un nombre spécial?

La *numération* est donc l'art d'exprimer avec une petite quantité de termes et de représenter avec une petite quantité de caractères tous les nombres imaginables.

On est convenu que de dix unités simples on ferait une nouvelle unité qu'on nommerait *dizaine;* que de dix dizaines on ferait une unité du troisième ordre qu'on nommerait *centaine;* que de dix centaines on formerait une unité du quatrième ordre nommée *mille;* que dix mille composeraient une unité du cinquième ordre nommée *dizaine de mille;* que dix dizaines de mille feraient une *centaine de mille,* unité du sixième ordre; que dix centaines de mille composeraient un *million,* ou unité du septième ordre; que dix millions feraient une unité du huitième ordre ou *dizaine de millions;* que dix dizaines de millions feraient une *centaine de millions,* ou neuvième espèce d'unités; et que dix centaines de millions composeraient un *milliard* ou *billion.* Viennent ensuite les *dizaines,* les *centaines* de *billions,* les *trillions,* les *dizaines* et les *centaines* de *trillions,* les *quatrillions,* etc.

En résumé, un billion vaut dix centaines de millions; une centaine de millions vaut dix dizaines de millions; une dizaine de millions vaut, comme il est clair, dix millions; un million vaut dix centaines de mille; une centaine de mille vaut dix dizaines de mille; une dizaine de mille égale dix fois mille; un mille égale dix fois cent, une centaine vaut dix fois une dizaine et une dizaine égale dix unités.

Il est à remarquer que si l'on compte depuis une, deux....., jusqu'à neuf unités simples, on compte de même par dizaines, par centaines, par mille, par dizaines de mille, etc., en remplissant tout l'intervalle d'une dizaine à l'autre, d'une centaine à l'autre, d'un mille à l'autre, etc., par tous les nombres comptés respectivement avant les dizaines, avant les centaines, avant les mille; c'est-à-dire que, depuis cent à deux cents par exemple, on place tous les nombres, qui avant cent ont été comptés depuis un jusqu'à quatre-vingt-dix-neuf inclusivement; que d'un mille à l'autre on met tous les nombres depuis un jusqu'à neuf cent quatre-vingt-dix-neuf inclusivement. Tels sont les principes de la numération parlée.

Quant à la numération écrite, on se sert de dix caractères ou chiffres qui sont $\{$ 0, 1, 2, 3, 4. zéro, un, deux, trois, quatre, 5, 6, 7, 8, 9, cinq, six, sept, huit, neuf. Au moyen de ces dix signes, on peut représenter tous les nombres possibles. Si l'on veut écrire quatre centaines, comme les centaines sont les unités du troisième ordre, on placera le chiffre 4 au troisième rang (les rangs se comptent à partir de la droite). Si je veux représenter 5 dizaines, comme les dizaines sont les unités du deuxième ordre, je placerai ce 5 au deuxième rang. Dans l'un et dans l'autre cas, les rangs à droite seront remplis par les chiffres représentant des unités inférieures s'il y a lieu, ou autrement par des zéros.

Le zéro ne signifie rien par lui-même. Mais placé à droite des chiffres significatifs, il en rend la valeur dix, cent, mille fois plus grande, selon qu'il les avance d'un rang, de deux rangs, de trois rangs vers la gauche ; car alors ces chiffres représentent des unités dix, cent, mille fois plus grandes.

On voit que les chiffres ont deux valeurs : l'une *absolue* qui dépend de leur figure, et l'autre *relative* qui dépend de la place qu'ils occupent. Ainsi 5 ; partout où on le placera, exprimera 5; mais ce seront 5 unités, ou 5 dizaines ou 5 centaines, ou 5 mille, etc.

Notre numération est nommée *décimale*, parce que tout le système est basé sur le nombre *dix* et que nous nous servons de dix chiffres.

RÉSUMÉ — QUESTIONNAIRE.

1° Qu'entend-on par *numération ?*

2° Dites les noms de chaque espèce d'unités en commençant par les plus élevées, et dites combien chacune d'elles vaut d'unités de l'ordre immédiatement inférieur.

3° Dites ces noms en sens inverse (dix unités font une dizaine; dix dizaines font une centaine, etc.)

4° Combien de chiffres employons-nous et comment peuvent-ils représenter tous les nombres ? De plus, quelle raison décide de leur place?

5° A quoi sert le zéro ?

6° Combien d'espèces de valeurs les chiffres ont-ils, et donnez des exemples ?

7° Pourquoi notre numération est-elle nommée *décimal* ?

3ᵉ LEÇON.

Manière d'écrire et de lire les Nombres.

—

1° Pour écrire les nombres, on commence à gauche par les unités de l'ordre le plus élevé, en ayant soin de suppléer par des zéros les ordres d'unités qui manquent.

Exemple :

Ecrivez : dix-huit millions, vingt-neuf mille trente-six unités. R. 18029056.

En plaçant des zéros aux rangs dont les unités manquent, c'est-à-dire dans ce cas-ci, aux centaines d'unités et aux centaines de mille, je conserve aux autres chiffres le rang qui leur convient et par conséquent au nombre même sa valeur.

2° Pour lire les nombres, on les sépare de droite à gauche par un point en tranches de trois chiffres chacune, excepté la dernière à gauche qui peut en avoir moins. On suppose que chaque point de séparation désigne le nom des unités qui sont à sa gauche. Le premier à partir de la droite signifie *mille ;* le second *millions ;* le troisième *billions,* etc. Puis, en partant de la gauche, on lit chaque tranche séparément en ajoutant à la fin de chacune le nom que le point représente.

Exemple :

Lisez le nombre 2105052678.

Je le partage en tranches de trois chiffres et j'ai 2. 105. 052. 678. Dans la première à droite, le 8 est au rang des unités; dans la seconde, le 2 est au rang des mille; dans la troisième le 5 est au rang des millions, et dans la quatrième le 2 est au rang des billions.

Je dirai donc, en lisant chaque tranche comme un nombre séparé et en énonçant à la fin le nom du rang

de son dernier chiffre, ou le terme que le point représente :

Deux billions, cent cinq millions, trente-deux mille
six cent soixante-dix-huit unités.

RÉSUMÉ – QUESTIONNAIRE.

1° Comment écrit-on les nombres?

2° Pourquoi met-on des zéros aux rangs dont les
unités ne sont pas exprimées?

3° Ecrivez tel et tel nombre (on proposera des
exemples en passant du plus simple à de plus difficiles.)

4° Comment lit-on les nombres?

5° Lisez tel et tel nombre, (on proposera des exemples en graduant aussi les difficultés.)

4ᵉ LEÇON.

Parties Décimales.

L'unité se divise en dix parties égales que l'on
nomme *dixièmes*; chaque dixième en dix autres nommées *centièmes*, de manière que le centième est la centième partie de l'unité; chaque centième se divise également en dix parties nommées *millièmes*, de sorte
que le millième est la millième partie de l'unité. Chaque millième comprend dix parties nommées dix-millièmes; chaque dix-millième comprend dix parties

nommées *cent-millièmes*; chaque cent-millième vaut dix *millionièmes*, etc.

D'après cet exposé, on voit 1° que ces parties deviennent de dix en dix fois plus petites; 2° que dix dixièmes, ou cent centièmes ou mille millièmes sont la même chose, puisque chacune de ces quantités vaut une unité.

Il est à remarquer que les dixièmes s'écrivent au premier rang à droite des unités; les centièmes au second rang; les millièmes au troisième; les dix-millièmes au quatrième; les cent-millièmes au cinquième... ainsi de suite.

Ordinairement on sépare les unités des parties décimales au moyen d'une virgule placée entre les unités et les dixièmes et au-dessus de laquelle on écrit le nom de l'espèce des unités.

On lit et l'on écrit les parties décimales comme les nombres entiers. Mais en les écrivant, il faut placer le dernier chiffre de la partie significative au rang des parties décimales indiquées; les rangs manquant doivent être aussi remplacés par des zéros. En lisant les parties décimales, on ajoute au nombre, lu comme à l'ordinaire, le nom des décimales indiquées par le dernier rang de chiffres décimaux. Les chiffres décimaux sont ceux qui représentent des parties décimales; ces chiffres sont aussi nommés simplement *décimales*.

D'après ce que nous venons de dire, 1,145 se liront : une unité cent quarante-cinq millièmes; 31,0248 se liront : trente-et-une unités deux cent quarante-huit dix-millièmes; 4,02 se liront : quatre unités deux centièmes. D'un autre côté, cinq unités dix-huit millièmes s'écriront 5,018, et six unités huit centièmes s'écriront 6,08.

Ces zéros, qui dans les parties décimales remplacent les ordres omis, conservent aux autres chiffres la place qui leur convient.

Donc si des zéros à gauche des nombres entiers n'en changent pas la valeur, parce que les chiffres significatifs restent à la même place, également dans les nombres décimaux les zéros écrits à leur droite ne produisent aucun changement. Ainsi, 3 unités, 4 dixièmes ou 3 unités, 40 centièmes sont une même quantité. En effet, le 4, dans le second cas, se trouve au rang des dixièmes comme dans le premier. D'ailleurs, puisqu'un dixième vaux dix centièmes, 4 dixièmes valent 40 centièmes.

RÉSUMÉ — QUESTIONNAIRE.

1° Si l'unité peut devenir 10,100,1000, etc., fois plus grande, ne peut-elle pas devenir 10,100,1000 fois plus petite?

2° Qu'entend-on par un *dixième*, un *centième*, un *millième*, etc.?

3° Combien faut-il de ces parties prises séparément pour former une unité?

4° Combien faut-il de ces parties prises séparément pour valoir une partie immédiatement supérieure?

5° Comment écrit-on et comment lit-on les parties décimales?

Donnez des exemples.

5e LEÇON.

Nombres concrets. Système métrique.

Nous sommes obligés d'exposer ici le système métrique, afin de pouvoir appliquer à des nombres concrets les principes relatifs aux quatre opérations. Mais à une première étude, les maîtres devront faire passer ce qui, dans la leçon suivante, se trouve entre parenthèse.

Unité de longueur ou linéaire.

Le *mètre* est la dix-millionième partie du quart du méridien terreste. Il sert à mesurer les dimensions prises séparément, les longueurs, les largeurs, les hauteurs, les épaisseurs. Ainsi, le mètre est l'unité des mesures linéaires, et c'est de son nom que tout le système des nouvelles mesures est appelé *métrique*.

Unité de surface ou des mesures agraires.

L'*are* est un carré qui a 10 mètres de long sur autant de large. Comme une dimension doit-être répétée autant de fois qu'il y a d'unités dans l'autre pour obtenir la surface, on a ici 10 mètres à répéter 10 fois ou 100 mètres carrés. (Généralement on nomme *mesures carrées* celles qu'on obtient en répétant une dimension autant de fois qu'il y a d'unités dans l'autre. Une surface qui aurait 4 mètres de large et 25 mètres de long serait aussi égale à un are : car, 4 fois 25 donnent 100. De même une surface longue de 20 mètres et large de 5.) L'are sert d'unité pour les surfaces et surtout pour les mesures agraires.

Unité des mesures cubiques ou de solidité.

Cette unité des mesures cubiques n'est autre chose que le mètre cube, ou un solide ayant un mètre de long, un mètre de large et un mètre de hauteur ou d'épaisseur. (Généralement on nomme *mesures cubiques* celles qui résultent de la combinaison de trois dimensions : par exemple, 4 mètres de long sur 6 de hauteur et 2 de largeur donneraient : 4 fois 6 égalent 24, et 24 fois 2 égalent 48 mètres cubes.) Le mètre cube se nomme *stère*, quand il s'agit des bois de chauffage et de construction.

Mesures de capacité.

L'unité des mesures de capacité ou de contenance est le *litre*, ou capacité d'un cube ayant sur chaque dimension un dixième de mètre. Le mètre cube même contiendrait mille litres.

Poids.

L'unité des poids est le *gramme* ou millième partie du poids d'un litre d'eau distillée et pesée dans le vide à une température de deux ou trois degrés du thermomètre au-dessus de zéro. Ainsi, un litre d'eau, dans les conditions précitées, pèserait mille grammes.

Monnaies.

L'unité monétaire est le *franc*, pièce d'argent qui pèse 5 grammes; elle renferme 9 dixièmes d'argent et un dixième de cuivre. Ainsi, 100 pièces d'un franc feraient un poids de 500 grammes.

En imaginant ce nouveau système, on a eu pour objet d'obvier aux inconvéniens que présentait l'immense multiplicité des mesures et des poids employés auparavant dans toute la France, et de rapporter tous les calculs à la numération décimale, comme on le verra plus loin.

RÉSUMÉ — QUESTIONNAIRE.

1° Qu'est-ce que le *mètre*, l'*are*, le *stère*, le *litre*, le *gramme*, le *franc?*

2° Quelle est l'unité des mesures linéaires, des mesures superficielles, des mesures de solidité, des mesures de contenance, des poids, des monnaies?

6e LEÇON.

Observations générales sur les nouvelles Mesures.

Pour répéter 10, 100, 1000, 10000 fois les unités des nouvelles mesures, on met avant le nom de l'unité principale les mots *déca, hecto, kilo, myria*, qui signifient respectivement 10, 100, 1000, 10000. Ainsi, 5 hectomètres égalent 500 mètres; 5 kilomètres égalent 5000 mètres; 6 décalitres égalent 60 litres; 4 décagrammes et demi égalent 40 grammes plus moitié de 10; total 45 grammes.

Pour indiquer les diverses parties décimales des mesures nouvelles, on met avant le nom de l'unité les mots *déci, centi, milli*, qui signifient respectivement *dixième, centième, millième*. Ainsi, 5 décagrammes signifient 0 gramme, 5 dixièmes de gramme ou un demi-gramme.

Il est à remarquer cependant que les dénominations des parties décimales du franc ne sont pas absolument conformes à celles qui ont été adoptées pour les autres mesures. Le dixième de franc se nomme *décime;* le centième de franc se nomme *centime.* Donc un franc vaut 10 décimes ou 100 centimes, et le décime vaut seulement 10 centimes. On donne même quelquefois le nom de *millime* au millième de franc.

Il faut 5 centimes pour ce qu'on nomme vulgairement un *sou.* Comme il est d'usage maintenant de ne compter que par centimes, il faut savoir convertir les sous.

en centimes. Vous avez par exemple 6 sous, et vous voulez savoir combien ils valent de centimes. Comptez combien font 6 fois 5 centimes ou 5 fois 6, et vous aurez pour résultat 30 centimes ou 3 décimes, chaque décime valant 10 centimes. Les décimes, comme tous les dixièmes, se mettent au premier rang à droite des unités, et les centimes, comme tous les centièmes, se placent au second rang à droite des unités.

Au surplus, pour les monnaies, voyez à la fin de ce traité les explications plus détaillées que nous y présentons.

RÉSUMÉ — QUESTIONNAIRE.

1° Que signifient les mots *déca, hecto, kilo, myria?*

Donnez des exemples appliqués à chaque espèce d'unités des nouvelles mesures.

2° Que signifient les mots *déci, centi, milli?*

Donnez des exemples d'application.

3° Combien faut-il de décimètres pour un mètre, pour un demi-mètre? combien de centilitres pour un litre, pour un demi-litre? combien de millistères pour un stère, pour un demi-stère?

4° Qu'entend-on par *décime* et par *centime?*

5° Combien de décimes dans le franc? combien de centimes dans le décime, et combien de centimes dans le franc?

6° Comment s'y prend-on pour convertir les sous en centimes?

Donnez des exemples relatifs à cette partie du questionnaire.

7ᵉ LEÇON.

De l'Addition.

—

L'*addition* est une opération par laquelle on réunit plusieurs quantités de même espèce pour en faire un seul nombre que l'on appelle *somme* ou *total*.

Pour faire l'addition, il faut écrire l'un sous l'autre les nombres proposés, de manière que les unités soient sous les unités, les dizaines sous dizaines, les centaines sous les centaines, les mille sous les mille, etc. Après avoir souligné les nombres, on fait le total de la colonne des unités; on écrit au-dessous les unités qui en résultent et l'on reporte les dizaines à la colonne suivante. On fait ensuite le total des dizaines; on écrit au-dessous les unités qui en résultent et l'on reporte les dizaines de ce second total à la troisième colonne, ou à la colonne des centaines; ainsi de suite jusqu'à la dernière colonne, sous laquelle on écrit le résultat tel qu'on le trouve.

Il est clair que le résultat total équivaut alors à tous les nombres proposés, puisqu'il se compose de toutes leurs unités, de toutes leurs dizaines, de toutes leurs centaines, etc. Or, toutes les parties réunies égalent le tout.

On voit qu'au-dessous de chaque colonne on ne peut poser plus de 9, puisqu'on reporte les dizaines à la colonne suivante. Il est à remarquer que les retenues doivent se compter comme des unités à la colonne où on les reporte; car, 10 d'une colonne valent 1 à la colonne suivante à gauche; 20 valent 2; 30 valent 3 , et ainsi de suite.

Exemple de l'addition en nombres entiers.

Une personne doit les trois sommes suivantes; 428 francs, 635 francs et 874 francs : combien doit-elle en tout ? R. 1937 francs.

Opération
428 fr.
635
874
———
1937 fr.

D'abord je dois ici faire une addition; car il s'agit de réunir plusieurs nombres de même espèce en un seul. Après avoir écrit les nombres les uns sous les autres, je commence par additionner les unités en disant : 8 et 5 font 13 et 4 font 17; en 17 unités je pose 7 unités et je retiens une dizaine pour la porter à la colonne suivante. A cette seconde colonne je dis : un de retenu et 2 font 3 et 3 font 6 et 7 font 13 dizaines; je dis 13 *dizaines* parce que c'est la colonne des dizaines. De ces 13 dizaines j'en pose 3 sous la deuxième colonne et je retiens les 10 autres qui font une centaine; je reporterai donc 1 à la colonne des centaines. A cette troisième colonne je dis : un de retenu et 4 font 5 et 6 font 11 et 8 font 19 : comme ces 19 sont le total de la colonne des centaines, ils représentent des centaines. J'écris donc 9 au rang des centaines et j'avance 1 au rang des mille, parce que 10 centaines font un mille. J'ai donc 1937 pour le total des trois nombres proposés, et puisque ceux-ci représentent des francs, le total même exprime aussi des francs.

On peut remarquer qu'il est indifférent de commencer le total de chaque colonne soit par le haut, soit par le bas; car, par exemple, à la colonne des unités, dans l'opération ci-dessus, 8 plus 5 plus 4 sont évidemment la même chose que 4 plus 5 plus 8.

RÉSUMÉ - QUESTIONNAIRE.

1° Qu'entend-on par *addition* et comment se nomme le résultat de cette opération?

2° Comment se fait l'addition? donnez des exemples et dites pourquoi vous additionnez.

3° Comment prouvez-vous que le résultat de l'addition est véritablement le total des nombres proposés?

4° Pourquoi sous chaque colonne ne pose-t-on jamais plus de 9?

5° Pourquoi les dizaines qu'on retient ne sont-elles comptées que comme des unités dans la colonne suivante à gauche?

Donnez des exemples.

8e LEÇON.

Addition des Nombres décimaux.

On sait que les nombres décimaux suivent la même loi que les nombres entiers, c'est-à-dire que les chiffres ont une valeur de dix en dix fois plus grande à mesure qu'on les avance à gauche, et que cette valeur devient de dix en dix fois plus petite à mesure qu'on les descend vers la droite. Ainsi 10 millièmes font un centième, et dans le cas d'une addition, il faut reporter aux centièmes les dizaines trouvées dans la colonne des millièmes. Dix centièmes font un dixième et l'on reporte aux dixièmes les dizaines trouvées dans la colonne des centièmes. Dix dixièmes font une unité et l'on reporte à la colonne des unités les dizaines trouvées à la colonne des dixièmes.

L'addition des nombres décimaux se fait donc comme celle des nombres entiers; mais il faut avoir soin de bien marquer la place des unités que l'on sépare des décimales par une virgule, et de mettre les dixièmes sous les dixièmes, les centièmes sous les centièmes en posant l'addition.

Premier exemple.

J'ai reçu les quatre sommes suivantes 3.685^f, 35^c, plus 7.654^f, 20^c, plus 8.604^f, 30^c et 642^f, 75^c. Combien ai-je reçu en tout? R. 20.586^f, 60^c.

Il est clair que je dois faire une addition, puisque je désire connaître le total de plusieurs nombres.

opération.

3.985 $^{fr.}$,	35	c.
7.654,	20	
8.604,	30	
642,	75	
20.586 $^{fr.}$,	60	c.

La colonne des centièmes m'a donné 10 centièmes, je pose 0 centième et je retiens 1 dixième : car 10 centièmes font 1 dixième.

La colonne des dixièmes m'a donné 16 dixièmes ou 6 dixièmes plus une unité que je reporte à la colonne des unités.

Deuxième exemple.

Un orfèvre a vendu à 5 personnes des bijoux en or pesant le premier 20 grammes 948 milligrammes; le deuxième 28 grammes 86 centigrammes; le troisième 137 gr. 455 milligr.; le quatrième 12 gr. 4 centigr.; enfin le cinquième 4 gr. 74 milligr. Dites le poids total des bijoux vendus.   R. 203 gr. 577 milligr.,

ou 2 hectogr. 3 gr. 577 milligr.,

ou 20 décagr. 3 gr. 577 milligr.

opération.	
20 gr.,	948
28,	860
137,	455
12,	040
4,	074
203 gr.,	377

Au second nombre ci-contre, j'ai dû placer le 6 de 86 centièmes au rang des centièmes : car, si je l'avais placé au troisième rang de décimales, j'aurais eu 86 millièmes de grammes au lieu de 86 centigrammes. Au quatrième nombre, j'ai dû placer de même les 4 centièmes et pour la même raison. Enfin, le 4 de 74 milligrammes a dû être écrit au troisième rang de décimales, puisque les millièmes se placent au troisième rang à droite des unités. J'ai mis à ce dernier nombre comme au précédent un zéro au rang des dixièmes parce que ces deux quantités ne renferment pas de dixièmes, ainsi, non-seulement dans les nombres entiers, mais encore dans les nombres décimaux, on remplace par des zéros les rangs qui manquent. On opérerait semblablement si au lieu de grammes, il était question d'ares, de stères, de litres, etc.

Troisième exemple.

On m'a vendu à différentes fois 17 hectolitres,

plus 52 décalitres et demi, plus 2 litres 50 centilitres, plus et enfin 27 décalitres de vin. Combien ai-je
acheté en tout ?   R. 2.497 litres 50 centilitres ,
                    ou 249 décal. 7 litres 50 centilitres ,
                    ou 24 hect., 97 litres 50 cent.,
              ou 2 kilolitres 497 litres 50 centilitr.

Dans ce cas, je dois faire une addition puisqu'il faut
réunir plusieurs nombres de même espèce en un seul.
Mais, comme une quantité se compose d'hectolitres,
l'autre de litres, etc., je dois, avant d'additionner, réduire le tout à une seule espèce d'unité, par exemple
au litre.

17 hect. égalent 1.700 litr. (en plaçant le 7 aux cen-
                            taines, parce que hecto
                            signifie cent.)

52 décal. 1/2 = 525 litr., (en plaçant le 2 de 52 dé-
                            calit. aux dizaines, parce
                            que déca signifie dix, et
                            en ajoutant 5 litres pour
                            un demi-décalitre, parce
                            que la moitié de 10 est
                            de 5).

pour 2 l. 50 c.   2 l. 50
pour 27 décal. 270, —   (en plaçant le 7 de 27
                            aux dizaines; car, ce sont
                            des décalitres.)

____

Total.   2.497 lit. 50'

Cette première méthode doit-être employée de préférence; mais cependant on pourrait rapporter toutes ces quantités à l'hectolitre, et l'on raisonnerait ainsi :

opération.

17 hecto
5, 25
2 , 50
2   70
____
24 h. 971. 50

Pour 17 hecto je pose le 7 au rang des unités, puisque j'adopte ici les hectol. pour unités. Pour les 52 décalitres, les dizaines de dizaines donnant des centaines, le 5 doit être au rang des centaines de litres ou des hectolit., et les 2 décalit. 1/2 valant 25 litres, sont écrits comme 25 centièmes d'hectolitre : car les litres sont des centièmes par rapport aux hectolitres ; également 2 litres sont posés aux centièmes d'hectolitre et pour la même raison. Enfin, 27 décalitres ou 270 litres égalent 2 hectolitres 70 litres ou 2 hectolitres 70 centièmes. Donc je poserai le 2 dans la colonne des hectolitres que je considère ici comme unités.

On opérerait semblablement pour des mètres, des ares, des stères, des grammes, etc., et les instituteurs feront bien de poser des questions d'addition relatives à toutes les parties des nouvelles mesures. On voit que dans l'addition des nouvelles mesures, il faut préalablement tout rapporter à une seule espèce d'unités, ce que l'on obtient facilement en plaçant le chiffre des déca au rang des dizaines ; celui des hecto...., au rang des centaines, celui des kilo...., au rang des mille, et toujours en remplaçant par des zéros les rangs qui manquent.

RÉSUMÉ — QUESTIONNAIRE.

1° Comment additionne-t-on les nombres décimaux ?

2° Pourquoi cette addition se fait-elle comme celle des nombres entiers?

3° Où faut-il placer la virgule qui sépare les unités des parties décimales?

4° Quelle attention particulière faut-il apporter à l'addition lorsque les mesures nouvelles, quoiqu'appliquées à des quantités de même espèce, ne sont pas rapportées simplement au mètre, à l'arc, au litre, etc.?

5° Où place-t-on le chiffre des déca...., des hecto..., des kilo.... ?

Donnez des exemples relatifs à chacune des parties de ce questionnaire.

9e LEÇON.

Soustraction.

La *soustraction* est une opération par laquelle on retranche une quantité d'une autre quantité de même espèce pour savoir de combien l'une surpasse l'autre. Le résultat se nomme ordinairement *reste* ou *différence*.

Pour faire la soustraction, on écrit le plus petit nombre sous le plus grand, de manière que les unités soient sous les unités, les dizaines sous les dizaines, etc. Puis on souligne les nombres proposés. On ôte ensuite les unités du plus petit de celles du plus grand, et l'on met le reste au-dessous de la colonne des unités;

on prend de même la différence entre les dizaines, les centaines, etc., du nombre inférieur et les dizaines, les centaines, etc., du nombre supérieur. Par ce moyen, on doit obtenir toute la différence qui existe entre les deux nombres, puisque l'on trouve la différence qui existe entre toutes leurs parties respectives.

Si le chiffre inférieur est égal à son correspondant supérieur, on pose zéro : car la différence est nulle.

Si le chiffre inférieur est plus fort que le supérieur, on augmente celui-ci de dix unités qu'on emprunte sur le chiffre suivant à gauche dans le nombre supérieur; alors ce chiffre qui suit doit être considéré comme ayant une unité de moins; autrement la différence entre les deux nombres serait changée, tandis qu'elle n'éprouve aucune variation par le procédé que nous indiquons. En effet, si vous augmentez de dix unités le chiffre supérieur des unités, vous considérez le chiffre supérieur des dizaines comme renfermant une dizaine de moins. Donc le nombre n'est réellement pas changé, puisqu'on retranche d'une part ce qu'on y a précédemment ajouté.

Premier exemple en nombres entiers.

Je devais la somme de 785 fr., j'ai seulement payé 423 fr. Combien dois-je encore? R. 362 fr.

opération.

De 785 fr.

ôtez 423

———————

Reste 362 fr.

D'abord je dois prendre la différence entre la dette et le paiement; donc il faut soustraire.

Après avoir placé le plus petit nombre sous le plus grand, je dis, en commençant par la droite: 3 unités ôtées de 5, il en reste 2, que je pose sous la colonne des unités; ensuite 2 dizaines ôtées de 8, il en reste 6, que je place sous la colonne des dizaines : car c'est la différence des dizaines; enfin, 4 ôtés de 7 donnent pour reste 3 centaines; car nous comparons les centaines.

Il est à remarquer qu'on ne pose jamais plus de 9 sous chaque colonne. En effet, soit 9 le plus grand chiffre au-dessus et 0 le plus petit au-dessous, la différence alors n'excéderait pas 9. D'ailleurs, soit 8 au-dessus et 9 au-dessous, pour rendre la soustraction possible, vous empruntez une dizaine qui jointe au chiffre 8, donne 18 et la différence entre 18 et 9 ne dépasse pas 9 : ce que l'on comprendra mieux par la question suivante.

Deuxième exemple en nombres entiers.

Une personne devait 134.070ᶠ. Elle a payé 46.488ᶠ. Que redoit-elle? R. 87.582 fr.

<table>
<tr><td>opération.</td><td rowspan="4">J'ai à faire une soustraction; car je dois comparer deux nombres pour trouver de combien l'un surpasse l'autre.</td></tr>
<tr><td>De 134.070</td></tr>
<tr><td>46.488</td></tr>
<tr><td>Reste = 87.582 L</td></tr>
</table>

Pour faire cette opération, je dis : ôter 8 unités de 0, c'est une chose impossible, puisque 0 ne peut renfermer 8; alors sur 7 dizaines j'en emprunte une qui vaut 10 unités; ces 10 unités jointes à 0 ne donnent que 10; maintenant 8 ôtés de 10, il reste 2. Les 7 dizaines n'en valent plus que 6; de 6 peut-on retrancher 8? La soustraction est encore impossible. Alors sur 40 centaines j'en emprunte une qui vaut 10 dizaines; 10 et 6 me donnent 16 dont je retranche 8, et il reste 8. Puis, comme sur 40 centaines j'en ai emprunté une, il est clair qu'il ne m'en reste plus que 39; ainsi, à la troisième colonne je dirai : de 9 ôtez 4, il reste 5; puis à la quatrième, de 3 ôtez 6, cela ne se peut; sur 3 dizaines de mille j'en emprunte une qui vaut dix mille; 10 et 3 font 13 dont je retranche 6, et j'ai 7 pour reste. Ensuite, au lieu de 13 dizaines de mille je n'en ai plus que 12, et si j'en retranche 4, il doit en rester 8. Ainsi, le reste dans sa totalité égale 87.582.

On voit par là que, si l'on emprunte sur un chiffre accompagné de zéros, ces zéros deviennent des 9, et le chiffre à gauche vaut un de moins : car si vous empruntez par exemple sur 200, au lieu de 200, vous n'aurez plus que 199.

Il est à remarquer en comparant deux chiffres, que si l'on commence la phrase par le mot *ôtez*, il faut nommer le chiffre inférieur le premier; si, au contraire, on commence la phrase par le mot *de*, il faut nommer le chiffre supérieur le premier. Ainsi, dans la soustraction suivante,

On dira : *ôtez* 5 *de* 8, ou *de* 8 *ôtez* 5.

```
       8
moins  5
       ─
reste  3.
```

RÉSUMÉ — QUESTIONNAIRE.

1° Qu'est-ce que la *soustraction* et comment se nomme le résultat ?

2° Comment fait-on la soustraction?

3° Comment rend—on la soustraction possible, lorsque le chiffre supérieur est plus petit que son correspondant?

4° Que devient alors le chiffre à gauche dans le nombre supérieur?

5° Lorsqu'on emprunte sur un chiffre accompagné de zéros, que deviennent ces zéros et le chiffre qui est à leur gauche?

6° Dites la raison de cette manière de procéder?

7° Pourquoi ne pose-t-on jamais plus de 9 sous chaque colonne?

Donnez des exemples appliqués à chaque partie de ce questionnaire.

10ᵉ LEÇON.

Soustraction des Nombres décimaux.

La soustraction des nombres décimaux se fait comme celle des nombres entiers, parce que les nombres décimaux suivent absolument les mêmes lois.

Question.

Un orfèvre a vendu 48 décagrammes d'argenterie et en a déjà livré 3 hectogrammes 21 grammes 7 décigrammes 4 centigrammes; combien lui en reste-t-il à livrer?

opération.
de 480 gr. 00
ôtez 321   74
———————
reste 158 gr. 26

R. 158 grammes, 26 centigr. ou 1 hectogr. 58 grammes 26 centigr., ou 15 décagr. 8 grammes 26 centigr.

Je dois soustraire : car, il s'agit de trouver ce qui reste d'un nombre après en avoir retranché ou déduit un autre.

Pour réduire à une seule espèce d'unités les quantités proposées, qui d'ailleurs sont bien de la même nature, c'est-à-dire pour les rapporter toutes au gramme, je remarque que 48 décagr. sont la même chose que 480 grammes; de plus 3 hectogr. 21 gr. égalent 321 grammes, car les 3 hectogr. doivent-être placés aux centaines; enfin, 7 décigr. 4 centigr. sont la même chose que 74 centigr. car 7 décigr. valent 70 centigr., puisque chaque décigr. vaut 10 centigr.

J'ai mis deux zéros à droite des 480 grammes pour faciliter la soustraction; mais ces zéros exprimant des parties décimales, ne changent pas la valeur des 480 grammes. Car, 480 grammes point de décigr. point de centigr. sont évidemment la même chose que 480 grammes. Ainsi, lorsque l'un des nombres manque de décimales, il faut y ajouter des zéros décimaux en nombre suffisant, si l'autre nombre proposé en renferme lui-même dans le cas de la question donnée ci-dessus; pour opérer, je dis : ôter 4 de 0, cela ne se peut; je ne puis pas non plus emprunter sur les zéros. Alors sur 800 dixièmes j'emprunte un dixième qui vaut dix centièmes; 10 et 0 donnent toujours 10; de 10 ôtez 4, il restera 6, que je place aux centièmes.

Maintenant les 800 dixièmes n'en valent plus que 799. De 9 dixièmes ôtez 7 dixièmes, il reste 2 dixièmes; de 9 unités ôtez 1 unité, il reste 8 unités; de 7 dizaines ôtez en 2, il reste 5 dizaines.

On voit que dans les nombres décimaux comme dans les nombres entiers, si l'on emprunte 1 sur un chiffre accompagné de zéros, ces zéros qui suivent dans le nombre supérieur valent 9 chacun, et le chiffre qui est à la gauche des zéros vaut 1 de moins.

RÉSUMÉ – QUESTIONNAIRE.

1° Comment se fait la soustraction des nombres décimaux?

2° Dans les nouvelles mesures faut-il auparavant rapporter les quantités à une seule espèce d'unités, au mètre, à l'are, au stère, au litre, au gramme, etc?

3° Si l'un des nombres ne renferme point de décimales, n'ajoute-t-on pas des zéros décimaux?

4° Ces zéros ajoutés changent-ils la valeur du nombre qui paraît modifié?

Donnez des exemples appliqués à chaque partie du questionnaire.

11ᵉ LEÇON.

Preuve de l'addition.

La *preuve* est en général une seconde opération que l'on fait pour vérifier l'exactitude du résultat de l'opération principale.

La preuve de l'addition peut se faire de quatre manières; mais nous nous bornerons à une seule méthode.

On additionne tous les nombres moins le dernier; puis on soustrait le nouveau total de celui que l'on vérifie, et le reste doit égaler le nombre que l'on n'a pas additionné dans la seconde opération.

En effet, le second total doit contenir le dernier nombre de moins que le premier total.

Ainsi, pour faire la preuve de l'addition donnée comme exemple à la leçon septième, j'additionnerai 428 et 635; le total sera soustrait de celui qui a été trouvé dans la première opération, et le reste devra donner 874 que je ne compterai pas dans la seconde addition.

428	de 1937
plus 635	ôtez 1063
1063	reste 874

RÉSUMÉ — QUESTIONNAIRE.

1° Qu'entend-on par une *preuve?*

2° Comment se fait la preuve de l'addition?

3° Pourquoi cette manière de procéder?

Donnez des exemples.

12ᵉ LEÇON.

Preuve de la Soustraction.

On réunit le reste avec le nombre inférieur et le total doit égaler le nombre supérieur. Il est clair que, puisque le reste indique ce qui manque au nombre inférieur pour égaler le nombre supérieur, on doit reproduire ce dernier en ajoutant au plus petit nombre la différence trouvée dans la soustraction ou en additionnant le nombre inférieur avec le reste.

Par exemple, à l'opération de la leçon dixième, j'additionne le reste avec le second nombre et j'obtiens pour total le même nombre qu'à la première ligne.

```
     de    480 gr. 00
   ôtez    321     74
         ─────────────
  reste    158     26
         ─────────────
 preuve    480 gr. 00
```

RÉSUMÉ – QUESTIONNAIRE.

1° Comment se fait la preuve de la soustraction?

2° Sur quel raisonnement basez-vous la méthode que vous employez?

Donnez des exemples.

13ᵉ LEÇON.

Multiplication.

La *multiplication* est une opération par laquelle on répète un nombre nommé *multiplicande* autant de fois qu'il y a d'unités dans un nombre nommé *multiplicateur*. On a pour but d'obtenir un résultat que l'on nomme *produit*. Ainsi, multiplier 4 par 3, c'est répéter 3 fois le nombre 4 pour avoir un produit qui, dans ce cas, égale 12. Le multiplicande et le multiplicateur sont aussi nommés les *facteurs* du produit, parce qu'ils concourent à le former.

La multiplication sert principalement à faire connaître le prix total de plusieurs unités de même espèce quand on connaît le prix d'une seule unité; à réduire des unités entières en leurs parties, comme des francs en décimes, des mètres en décimètres, des années en mois, des mois en jours, etc.

Avant de donner la méthode employée pour la mul-multiplication, nous allons d'abord la détailler en l'appliquant à une question particulière.

Exemple en nombres entiers.

Que faut-il payer pour 298 mètres de drap à raison de 26 fr. par mètre? R. 7.748 fr.

opération.

$$\begin{array}{r} 298 \\ 26 \\ \hline 4788 \\ 596 \\ \hline \text{produit } 7748 \end{array}$$

D'abord je dois faire une multiplication : car, il s'agit de répéter le prix du mètre autant de fois qu'il y a de mètres.

Après avoir placé le plus petit nombre sous le plus grand et les avoir soulignés, je dis en commençant à droite : 6 fois 8 font 48 et je pose 8 au rang des unités; je retiens 4 dizaines. Je passe au second chiffre du nombre supérieur que je multiplierai aussi par les unités du nombre inférieur, et je dis : 6 fois 9 font 54 et 4 de retenus font 58; je pose 8 au rang des dizaines, et je retiens 5 centaines. Puis, passant au troisième chiffre que je multiplierai aussi par les unités du nombre inférieur, je dis : 6 fois 2 ou 2 fois 6 font 12 et 5 de retenus font 17; je pose 7 aux centaines et j'avance 1 au rang des mille, car il y a 10 dizaines de centaines. J'ai déjà multiplié tout le nombre supérieur par les unités du nombre inférieur.

Je multiplie ensuite et de la même manière tout le nombre supérieur par les dizaines du nombre infé-rieur; ce qui me donnera une seconde ligne ou un se-cond produit partiel. Mais je commence cette seconde ligne sous les dizaines de la première : car, en répé-tant 8 unités 2 dizaines de fois ou 8 unités 20 fois, j'obtiens 160 unités ou 16 dizaines. Le 6 de 16 doit donc être placé au rang des dizaines. S'il y avait un troisième chiffre au nombre inférieur, j'aurais une troisième ligne que je commencerais au rang des centaines.

Après avoir ainsi multiplié, j'additionne mes lignes de produits partiels, et je trouve dans le cas présent 7.748 fr. pour produit définitif. Je dis que ce produit représente des francs : car la question m'indique que ce sont les 26 francs que je répète autant de fois qu'il y a de mètres. Donc, ici les mètres sont le multipli-cateur et les francs le multiplicande. Donc, générale-ment le produit est de la même nature que le multi-plicande. Mais en posant l'opération, il est indifférent de placer le multiplicande le premier ou le second : car, 5 fois 8 ou 8 fois 5 donnent évidemment le même produit. Ordinairement on met au-dessous le nom-bre le plus petit afin d'écrire moins de lignes. Quant à la place du premier chiffre de chaque ligne, la règle est qu'il doit se mettre au rang du chiffre par lequel on multiplie.

Pour faire cette opération, on voit qu'il faut connaître le produit des unités simples par d'autres unités simples. Ces produits sont indiqués par la table de multiplication ou livret, qu'il faut connaître parfaitement pour multiplier avec exactitude et célérité.

Nous croyons inutile de la donner ici; car, elle se trouve dans un grand nombre d'ouvrages. D'ailleurs une seule copie peut-être reproduite par chaque élève qui devra l'apprendre de mémoire.

De tout ce qui précède, résulte la méthode suivante :

Ecrivez les deux facteurs l'un sous l'autre, le plus petit sous le plus grand, de manière que les unités du même ordre soient dans une même colonne; soulignez; à partir de la droite, répétez toutes les parties du nombre supérieur autant de fois que l'indiquent les unités du nombre inférieur, ce qui donne une première ligne. Puis répétez tout le nombre supérieur autant de fois que l'indique le chiffre des dizaines du nombre inférieur, ce qui donne une seconde ligne qui commence sous les dizaines de la première; ainsi de suite en faisant autant de lignes qu'il y a de chiffres dans le nombre inférieur, et en commençant chacune au rang du chiffre par lequel on multiplie. Enfin, soulignez ces produits partiels et additionnez-les.

1° Qu'entendez-vous par *multiplication* ?

2° Comment se nomme le résultat ?

3° Quel nom général donne-t-on au multiplicande et au multiplicateur ?

4° A quoi sert la multiplication ?

5° Comment pose-t-on la multiplication ?

6° Est-il nécessaire de distinguer le multiplicande du multiplicateur ?

7° Cette distinction ne suffit-elle pas pour connaître la nature du produit ?

8° Comment fait-on la multiplication ?

9° Où place-t-on le premier chiffre de chaque ligne ?

10° Quelle connaissance préalable est nécessaire pour multiplier ?

11° Récitez le livret et donnez des exemples de multiplication.

14e LEÇON.

Observations sur la méthode de Multiplication. Cas particulier.

Dans l'opération du numéro précédent, nous avons à la première ligne 1.788 unités, qui sont le produit du nombre supérieur par les unités du nombre inférieur, puisque nous avons répété successivement, pour le composer, les unités, les dizaines, les centaines du premier facteur, autant de fois qu'il y a d'unités dans le premier chiffre à droite de l'autre facteur. Puis, nous avons répété tout le nombre supérieur autant de fois qu'il y a d'unités dans le chiffre des dizaines du multiplicateur, et le produit commence au rang des dizaines. Donc, l'un des nombres a été tout entier répété autant de fois qu'il y a d'unités dans toutes les parties de l'autre.

Question indiquant un cas particulier.

On demande combien il y aura de jours dans 8.500 années, sans avoir égard aux jours bissextiles, c'est-à-dire en supposant toutes les années composées de 365 jours. R. 3.102.500 jours.

Je dois multiplier : car il faut répéter 365 jours autant de fois qu'il y a d'années.

opération.

```
    365
   8500
  ______
   1825
   2920
  ______
prod. 3102500 j
```

Quand il y a des zéros à l'un des facteurs, on opère sans y avoir égard; mais il faut avoir soin de rétablir ces zéros à la droite du produit. Ne pas faire attention aux zéros, c'est rendre un facteur 10, 100, 1000 fois trop petit selon qu'il y a 1, 2, 3 zéros de supprimés. Le premier chiffre significatif par lequel on a multiplié, exprime donc un nombre 10, 100, 1000 fois trop petit. Donc, le premier chiffre posé est 10, 100, 1000 fois plus petit. Donc, le nombre même est rendu 10, 100, 1000 fois trop petit. Mais on lui rendra facile—

ment sa véritable valeur en rétablissant à sa droite, dans le produit, le zéro ou les zéros dont on n'a pas tenu compte dans le cours de l'opération.

RÉSUMÉ – QUESTIONNAIRE.

1° Par quel raisonnement prouvez-vous que le produit égale vraiment le multiplicande pris autant de fois que l'indique le multiplicateur?

2° Lorsqu'il y a des zéros à l'un des facteurs, ne peut-on pas abréger la multiplication?

3° Pourquoi rétablissez-vous ces zéros à la droite du produit?

Donnez des exemples pour la deuxième et la troisième partie de ce questionnaire.

15ᵉ LEÇON.

Multiplication des Nombres décimaux.

—

Lorsqu'il y a des décimales à l'un des facteurs, ou même à tous les deux, on opère absolument comme s'il n'y avait pas de virgule, ou comme si tous les chiffres exprimaient des unités entières; puis au produit on sépare autant de décimales qu'il y en a dans les facteurs.

Nous allons rendre compte de cette méthode par deux exemples.

Première question.

J'ai acheté 86 mètres de drap à raison de 18 fr.

15 cent. le mètre; combien dois-je payer? R. 1.560 fr. 90 centimes.

<table>
<tr><td>

opération.

  18, 15
     86

———————

  108 90
 1452 0

———————

1560 fr. 90

</td><td>

Je dois multiplier : car, il faut répéter 18 fr. 15 cent. autant de fois qu'il y a de mètres, c'est-à-dire 86 fois.

J'opère sans faire attention à la virgule; mais au produit, je sépare deux décimales, parce qu'il y en a deux à l'un

</td></tr>
</table>

des facteurs.

En effet, en ne tenant pas compte de la virgule, je rends le premier facteur 100 fois plus grand, puisque le chiffre 8 qui exprime des unités dans le nombre supérieur, est alors considéré comme exprimant 8 centaines. Donc le produit est 100 fois trop grand. Je le rends 100 fois plus petit en séparant deux décimales à sa droite, parce que le chiffre des centaines n'exprime plus que des unités. Donc, après la séparation des décimales ce chiffre a sa juste valeur, et il doit en être de même de tous les autres.

Deuxième question.

Un marchand épicier a vendu 145 kilogr. 88 décagr. et 6 grammes de sucre à 2 fr. 10 c. le kilogr. Combien doit-il recevoir? R. 308 fr. 46 c.

<table>
<tr><td>

opération.

146 kilogr. 886
 2 fr.   10 c.

——————————

 146886
 293772

——————————

308 fr. 46 c. 060

</td><td>

Ici nous prenons le kilogr. pour unité, parce que nous avons le prix du kilogr. Mais 88 décagr. font 880 grammes, plus 6 indiqués en outre dans la question: total 886 grammes. Or, les grammes sont des millièmes par rapport

</td></tr>
</table>

aux kilogr. Donc, on peut écrire 146 kilogr. 886 millièmes et ce premier facteur renferme trois décimales, tandis qu'il y en a deux au multiplicateur. J'aurai 5 décimales au produit : car, en ne faisant pas attention à la virgule, le premier facteur rendu 1000 fois trop grand est multiplié par l'autre rendu ici 100 fois trop grand. Le produit est donc 100 fois, 1.000 fois trop grand, c'est-à-dire 100.000 fois trop grand. On le rendra 100.000 fois plus petit en séparant 5 décimales, parce que le chiffre qui exprimait des centaines de mille n'exprimera plus que des unités. Donc le produit par ce moyen aura sa véritable valeur.

Il est rare que, dans un résultat définitif, on conserve plus de deux décimales; ainsi, l'on s'arrête aux centièmes. Aussi, dans la réponse de la question précédente, nous avons écrit seulement 508 fr. 46 en négligeant les autres décimales. Si le troisième chiffre, ou celui des millièmes eût été un 5 ou un nombre plus fort, nous aurions compté 47 cent. au lieu de 46, pour ne pas perdre un demi-centime (dans le cas d'un 5 au rang des millièmes), ou plus d'un demi-centime (quand il y a plus de 5 aux millièmes.)

RÉSUMÉ – QUESTIONNAIRE.

1º Comment fait-on la multiplication des nombres décimaux?

2º Combien sépare-t-on de décimales à la droite du produit et pourquoi?

5º Si l'on se borne à un certain rang de décimales, ne force-t-on pas quelquefois le chiffre auquel on s'arrête?

16e LEÇON.

Division.

La *division* est une opération par laquelle on cherche combien de fois un nombre est contenu dans un autre, ou par laquelle on partage un nombre en autant de parties égales qu'il y a d'unités dans un autre. Ainsi, diviser 12 par 3, c'est chercher combien de fois le nombre 12 contient 3, ou partager 12 en 3 parties égales.

Le nombre que l'on divise se nomme *dividende* ; on appelle *diviseur* celui par lequel on divise ou qui est censé contenu plusieurs fois dans le dividende, ou qui annonce en combien de parties on divisera le premier terme. Le résultat se nomme *quotient* ; il annonce combien de fois le dividende contient le diviseur ou combien le diviseur doit être répété de fois pour produire le dividende.

Ainsi, dans le cas où vous voudriez partager 36 pommes entre 4 personnes, chacune en aurait 9 : car, 36 contient 4 fois 9, ou bien la quatrième partie de 36 égale 9.

Avant d'exposer la méthode employée pour la division, nous allons la détailler en l'appliquant à une question.

Exemple.

Je dois partager 344 fr. entre 8 personnes; je demande combien elles auront chacune? R. 43 fr.

Opération.

```
344  {  diviseur 8 pers.
 32  {  quotient 43 fr.
 ---
  24
  24
 ---
     00
```

D'abord je dois diviser : car, il s'agit de prendre la huitième partie de 344 fr. ou de partager 344 fr. en 8 portions égales.

Je place le diviseur à droite du dividende en les séparant par une accolade ou par un trait vertical; je souligne le diviseur et je réserve au-dessous la place du quotient; puis je prends sur la gauche du dividende un nombre de chiffres assez grand pour que le diviseur y soit contenu : par exemple ici deux chiffres, et je dis : en 34 combien y a-t-il de fois 8 ? il y a 4 fois; je pose 4 au quotient, puis je cherche combien valent 4 fois 8, c'est-à-dire que je multiplie le diviseur par le chiffre mis au quotient; 4 fois 8 valant 32, j'écris 32 au-dessous du premier dividende partiel; je soustrais et j'obtiens 2 pour reste. Il s'ensuit que le premier dividende partiel, 34, contient non-seulement 4 fois 8 mais encore un reste 2. A côté de ce reste 2, je descends le chiffre suivant du dividende; ce qui me donne 24 pour second dividende partiel, et je dis : en 24 combien y a-t-il de fois 8? il y a 3 fois; je pose donc

5 au quotient; je multiplie le diviseur par ce nouveau chiffre, et écrivant le produit 24 sous le second dividende partiel, je les compare en soustrayant; j'écris au-dessous la différence qui est ici nulle. Tous les chiffres du dividende étant épuisés, j'en conclus que 43 est le quotient de 344 par 8.

En cherchant combien de fois tout le diviseur est contenu dans toutes les parties du dividende, j'ai dû trouver combien de fois il est contenu dans ce dividende même.

Dans l'exemple précité, le premier dividende partiel (34) exprime des dizaines; mais aussi le premier chiffre mis au quotient sera au rang des dizaines puisqu'en abaissant le dernier chiffre du dividende 344, j'aurai un second dividende partiel et au quotient un second chiffre qui portera le premier au rang des dizaines.

Je dis d'ailleurs que le quotient 43 exprime ici des francs; car j'ai partagé 344 fr. en 8 parties; or, les parties sont de la même espèce que le tout. Généralement, lorsque que le dividende et le diviseur sont d'espèce différente, le quotient est de l'espèce du dividende; tandis que, dans le cas où le dividende et le diviseur seraient de la même espèce, le quotient serait d'une espèce différente.

La division est la seule opération que l'on commence à gauche. Il serait trop long et trop difficile de la faire dans un autre sens.

Jamais on ne doit mettre plus de 9 au quotient; autrement le chiffre précédent ne serait pas assez fort.

Si l'une des soustractions qui se font dans le cours de la division ne pouvait se faire, ce serait une preuve que le dernier chiffre mis au quotient serait trop fort, puisque ce chiffre, multiplié par le diviseur, donnerait un produit qu'on ne pourrait soustraire. Si au contraire, dans une de ces soustractions, le reste n'est pas plus petit que le diviseur, le chiffre mis au quotient est trop faible, puisque le dernier dividende partiel contient le diviseur une ou plusieurs fois de plus.

Dans l'exemple que nous avons cité, la division ne laissant aucun reste à la fin, le quotient est nommé *quotient exact*. Si le reste était autre que zéro, le quotient serait nommé *quotient en nombre entier*, parce qu'il ne renfermerait que la partie entière du véritable quotient et ne donnerait pas les décimales qui pourraient y être ajoutées, comme on le verra plus loin.

De tout ce qui précède résulte la méthode suivante:

Prenez sur la gauche du dividende autant de chiffres qu'il en faut pour contenir le diviseur; cherchez ensuite combien de fois cette partie du dividende contient le diviseur; écrivez ce nombre de fois à la place réservée au quotient, et après avoir multiplié le diviseur par le chiffre écrit au quotient, soustrayez le produit du premier dividende partiel; abaissez le chiffre suivant à côté du reste, ce qui donnera un second dividende partiel, à l'égard duquel vous opérerez comme sur le premier; puis, suivez la même marche jusqu'à ce qu'il n'y ait plus de chiffres à abaisser.

RÉSUMÉ — QUESTIONNAIRE.

1° Qu'entend-on par *division*, par *dividende*, par *diviseur* et par *quotient ?*

2° Comment se fait la division ?

3° Donnez un exemple et rendez raison de chacune des parties de la méthode employée.

4° De quelle espèce est le quotient ?

5° Quand le chiffre mis au quotient est-il trop fort ? Quand est-il trop faible ?

6° Qu'appelez-vous *quotient exact*, et *quotient en nombre entier ?*

17ᵉ LEÇON.

Cas particulier dans la Division des Nombres entiers.

Première question.

Un marchand de vin prétend que, dans le cours d'une année, il a vendu pour 22.701 fr. à raison de 21 fr. l'hectolitre. Combien a-t-il vendu d'hectolitres de vin ? R. 1081 hectolitres.

Opération.

$$22{,}704 \text{ fr.} \quad \left\{ \begin{array}{l} 21 \text{ fr.} \\ \hline 1081 \\ \text{hectolitres.} \end{array} \right.$$

```
22,704 fr.  |  21 fr.
 21         |  ____
 ____       |  1081
 170        |  hectolitres.
 168
 ____
  . 24
   21
 ____
   . 0
```

Je dois diviser : car, autant de fois 21 fr., prix de l'hectolitre, sont contenus dans 22.704 fr., autant on a vendu d'hectolitres. Or, chercher combien de fois un nombre est contenu dans un autre, c'est diviser.

Les deux termes de la division étant de même espèce, le quotient est d'une espèce différente, comme on le voit ici.

Je dis : en 22 combien de fois 21 ? il y a 1 fois; je l'écris au quotient; je multiplie le diviseur par ce chiffre 1 et je place le produit 21 sous le premier dividende partiel pour les comparer. La différence est 1; je descends le chiffre 7 du dividende et j'ai un second dividende partiel 17, qui ne contient pas le diviseur. J'écris donc 0 au quotient; puis près de 17 abaissant le chiffre 0 du dividende, j'ai un troisième dividende partiel qui contient le diviseur 8 fois; j'écris donc 8 au quotient, et je multiplie le diviseur par ce chiffre 8; j'écris le produit 168 sous le troisième dividende partiel 170; la soustraction donne 2 pour reste; puis abaissant le dernier chiffre du dividende, j'obtiens 1 au quotient et 0 pour dernier reste.

Comme le premier dividende partiel 22 exprime des mille, il faut que le chiffre 1 placé au quotient représente des mille : pour cela, il faut qu'il soit au quatrième rang à gauche, ou, en d'autres termes, il faut qu'il vienne 3 chiffres à sa droite. Donc, le 7 abaissé près du premier reste, ou le deuxième dividende partiel, doit me donner au quotient un chiffre qui ne peut être que zéro puisque 17 ne contient pas 21. Si je ne mettais pas ce zéro, le premier chiffre 1, écrit au quotient, ne serait pas au rang des mille, puisqu'on ne mettrait plus que 2 chiffres à sa droite, vu qu'après le 7 du dividende, il ne reste que deux chiffres dont chacun donnera avec les restes un dividende partiel, et qui par conséquent donneront deux chiffres au quotient.

Donc on doit mettre un chiffre au quotient toutes les fois que près d'un reste on abaisse un chiffre du dividende. Et c'est seulement lorsqu'on a abaissé ou ajouté un chiffre près du reste, qu'on doit en placer un au quotient; autrement le reste serait trop fort, puisqu'il égalerait ou excéderait le diviseur.

Autre exemple.

Soit proposé de diviser 32289 par 36.

Opération.

$$
\begin{array}{r|l}
322\ 89 & 36 \\
288 & \overline{896} \\
\hline
.\ 348 & \\
324 & \\
\hline
.\ 249 & \\
216 & \\
\hline
.\ 33 & \\
\end{array}
$$

Le quotient n'est pas ici un nombre exact; mais il indique seulement la partie entière du véritable quotient, puisque la division laisse un reste.

En parcourant cette opération, on peut remarquer que le premier chiffre du quotient n'est pas très facile à trouver. Car, comment voir que 322 contient 8 fois 56 ? Pour se tirer d'embarras, voici comment il faut procéder : je me guide sur les premiers chiffres, tant du dividende partiel que du diviseur; par exemple ici : en 32 combien de fois 3? Je trouverais au moins 9; mais en multipliant 36 par 9, j'obtiendrais un produit que l'on ne pourrait soustraire de 322. Donc, au lieu de 9 j'aurai 8, si 8 même n'est pas trop fort. Mais 8 fois 36 donnent 288, que l'on peut retrancher de 322. Egale difficulté pour le dernier chiffre du quotient. Le dernier dividende partiel est 249 : en 24 combien de fois le premier chiffre 3 du diviseur? On trouverait 8; mais 8 fois 36 donnent bien plus de 249; 7 même donnerait trop; bornons nous à 6, si ce chiffre n'est pas trop petit, c'est-à-dire si le reste que j'obtiendrai par la soustraction suivante est moindre que le diviseur, et certainement il ne peut arriver que 6 soit trop petit, si 7 est trop fort.

En pareil cas, on suivra une marche analogue, qui consiste généralement à essayer la division des premiers chiffres du dividende partiel par le premier ou les premiers chiffres du diviseur. Mais souvent le chiffre trouvé par ce moyen est trop fort; on le diminue d'une, de deux unités jusqu'à ce que, en multipliant ce chiffre par tout le diviseur, on obtienne un produit que l'on puisse soustraire de tout le dividende partiel en question, pourvu toutefois que le reste de la soustraction soit moindre que le diviseur.

RÉSUMÉ — QUESTIONNAIRE.

1° Quand un dividende partiel ne contient pas le diviseur, que doit-on mettre au quotient?

2° Faut-il mettre un chiffre au quotient toutes les fois que l'on en a abaissé un près d'un reste?

3° Peut-on mettre un chiffre au quotient sans en avoir abaissé ou ajouté un près du reste?

4° Lorsque le chiffre du quotient est difficile à trouver, n'essaie-t-on pas la division sur les premiers chiffres de part et d'autre?

5° Le chiffre obtenu par ce moyen ne doit-il pas être diminué le plus souvent, et comment s'en assure-t-on?

6° Comment verrait-on si on l'a diminué de trop d'unités?

7° Après cet essai, le chiffre mis au quotient ne doit-il pas être également multiplié par tout le diviseur, et le produit être retranché de tout le dividende partiel?

Donnez des exemples relatifs à toutes ces questions.

<hr>

18ᵉ LEÇON.

Division des Nombres décimaux.
Premier cas. Décimales au dividende seul, et par suite évaluation générale du dernier reste en décimales dans les divisions des nombres entiers.

Premier exemple.
J'ai acheté 946 hectolitres de vin pour 23.279 fr.

50 c., et je désire savoir à combien me revient chaque hectolitre. R. à 24 fr. 61 c.

opération.

```
23279 f. 50   ( 946 hectol.
 1892         ) 24 fr. 60 c. 8
 ______        _______________
 .4359
 3784
 ______
  .5755
  5676
 ________
  007900
   7568
 ________
   .332
```

Je divise, parce que chaque hectolitre coûtera la
946ᵐᵉ partie du prix des 946 hectolitres, c'est-à-
dire de 23279 fr. 50 c.

Dans cette opération, lorsque je descends près du
deuxième reste 575 le chiffres 5 des décimes, je considère le tout comme un seul nombre qui est le troisième dividende partiel. En effet, 575 unités égalent
5750 dixièmes plus les 5 dixièmes abaissés, en tout
5755 dixièmes qui devront donner des dixièmes au
quotient. Aussi avant le 5 que j'obtiens au quotient,
j'ai dû mettre la virgule qui doit séparer les unités des
décimales. Le reste suivant, converti semblablement
en centièmes par l'abaissement du chiffre des centièmes du dividende, ou par l'addition d'un zéro à
droite de ce reste, donnera des centièmes au quotient,
et ainsi de suite jusqu'à ce qu'on soit parvenu au rang
de décimales auquel on veut s'arrêter.

Ainsi la méthode en pareil cas est de mettre la virgule au quotient avant le chiffre que produit la première décimale abaissée; le reste de la division se fait comme à l'ordinaire.

Deuxième exemple.

On doit partager 2467 francs entre 24 personnes; combien chacune recevra-t-elle? R. 102 fr. 79 c.

opération.

```
2467 ) 24
 24   ) ———————
       ) 102 f. 79 c.
 ———
 ..67
  48
 ———
 190
 168
 ———
  220
  216
 ———
  004
```

Parvenu au second reste 19, qui doit faire partie du troisième dividende, parce que le second n'a donné qu'un zéro au quotient, je ne puis plus rien abaisser puisque les chiffres du dividende sont épuisés.

Je change ces 19 fr. en 190 décimes, qui me donnent 7 au quotient. Le reste suivant, 22 décimes, égale 220 centimes et donne au quotient le chiffre 9.

Donc le reste 19 que j'avais, après avoir cherché les unités du quotient, vaut 79 centimes.

Ainsi, lorsqu'on a épuisé tous les chiffres d'un dividende qui ne renferme point de décimales, si l'on veut évaluer le dernier reste et obtenir des décimales au quotient, on ajoute un zéro à ce reste, puis aux restes suivans, en continuant la division jusqu'au rang décimal où l'on veut s'arrêter.

1° Comment divise-t-on lorsque le dividende seul renferme des décimales?

2° Donnez un exemple et rendez compte de la méthode?

3° Lorsque le dividende est un nombre entier, comment évalue-t-on le dernier reste du nombre entier?

4° Donnez un exemple et rendez compte du procédé que vous indiquez.

19e LEÇON.

**Deuxième cas. Décimales aux deux termes de la Division.
Décimales au diviseur seul.**

Nous réunissons ces deux cas en un seul, parce que la méthode est à peu près la même dans l'un et dans l'autre.

Lorsque les deux termes de la division renferment autant de décimales, on supprime la virgule de part et d'autre, puis on opère comme sur des nombres entiers. En ôtant la virgule au dividende, on le rend 10, 100, 1000 fois plus grand selon qu'il y a 1, 2, 3 décimales : il renfermera donc 10 fois, 100 fois, 1000 fois plus le diviseur. Mais en faisant subir le même changement au diviseur, on rend celui-ci 10, 100, 1000 fois plus grand; il sera donc contenu 10, 100,

1000 fois moins au dividende. Donc le quotient devient en même tems 10, 100, 1000 fois plus grand et 10, 100, 1000 fois plus petit. Donc il conserve la même valeur. Donc la suppression de la virgule dans les termes de la division, lorsqu'ils contiennent autant de décimales l'un que l'autre, ne peut amener aucun changement dans le quotient.

Exemple.

Un négociant a fait une emplette de 546 kilogr. 9 hectogr. et 6 décagr. de laine pour 946 fr. 76 c.: à combien revient le kilogramme? R. à 1 fr. 73 c.

opération.

946,76) 546 k. 96

ou

946765 54696
546965 1 fr. 73

399800
382872

.169280
164088

.5192

Je divise : car un seul kilogramme coûtera 546 fois et 96 centièmes de fois moins que 546 kilos 96 centièmes. D'un autre côté, si c'est une partie de la somme que l'on désire de connaître, c'est donc la somme qu'il faut diviser.

Nous disons de plus que le diviseur est 546 kilos 96. En effet, 9 hectogr. égalent 90 décag.

Donc 9 hect. 6 décagr. égalent 96 décagr. Or, les décag. sont des centièmes de kilogr., car les dizaines sont des centièmes par rapport aux mille.

Observation. Si le dividende ne renfermait pas autant de décimales, on ajouterait un ou plusieurs zéros à ce terme, de manière à rendre le nombre des décimales égal de part et d'autre. Puis, en ôtant la virgule, on opérerait comme sur des nombres entiers. Ainsi 37 fr. 5 divisés par 4 unités, 758 millièmes reviennent à 37 fr., 500 divisés par 4,758 car 37 fr. 5 dixièmes ou 37 fr. 500 millièmes sont la même chose; enfin, l'on a 37500 à diviser par 4758.

On voit par là que si le diviseur seul renfermait des décimales, on ajouterait au dividende autant de zéros décimaux qu'il y aurait de décimales au diviseur, puis on supprimerait la virgule de part et d'autre.

Par exemple 27 fr. à diviser par 4 kilogr., 59 reviennent à 27 fr. à diviser par 4 kilogr. 59 et par suite à 2700 à diviser par 459.

RÉSUMÉ — QUESTIONNAIRE.

1° Comment fait-on la division quand les deux termes ont autant de décimales l'un que l'autre?

2° Le quotient est-il changé?

3° Si le diviseur seul a des décimales, ou si le dividende en renferme moins, comment procède-t-on?

Donnez des exemples et rendez compte de la méthode.

20e LEÇON.

Dividende qui ne contient pas le diviseur un nombre de fois exprimé par des unités entières.

Question.

J'ai 15 fr. à partager entre 27 personnes, combien auront-elles chacune? R. 0 fr. 55 c. 1/2.

opération.

$$\begin{array}{r|l} 150 & 27 \\ 135 & \overline{0,\ 55\ \text{c. }5} \\ \hline 150 & \\ 135 & \\ \hline .150 & \\ 135 & \\ \hline 15 & \end{array}$$

Lorsque tout le dividende ne contient pas le diviseur, on place au quotient 0 unité ; puis pour obtenir à ce même résultat des chiffres décimaux après le zéro qui tient la place des unités, on ajoute un zéro au dividende. Si ce nouveau dividende donne un chiffre au quotient, ce chiffre exprime des dixièmes : car le dividende lui-même se trouve converti en dixièmes; mais si l'on n'obtenait rien, on mettrait encore zéro au rang des dixièmes. Près du premier reste, on ajoute un nouveau zéro qui change les dixièmes en centièmes, et l'on continue la division comme pour l'évaluation des restes en décimales.

Généralement on pousse les décimales d'autant plus loin que l'unité est plus précieuse. On cherche ainsi quelquefois jusqu'à la sixième ou septième décimale, lorsque le quotient doit être multiplié par un nombre considérable : car, par exemple, des cent-millièmes multipliés par 100000 donnent des unités, et si l'on négligeait ces cent-millièmes, on pourrait faire une erreur assez remarquable. Mais si le quotient est un résultat définitif, on se borne ordinairement à la deuxième ou à la troisième décimale.

RÉSUMÉ – QUESTIONNAIRE.

1° Comment opère-t-on, si le diviseur n'est point contenu dans le dividende?

2° Dans quels cas cherche-t-on des décimales éloignées ?

3° Donnez des exemples relatifs à ces questions et rendez compte des méthodes.

21ᵉ LEÇON.

Moyen d'abréger la Division dans certains cas.

On peut abréger la division dans trois cas : 1° lorsque le diviseur est un seul chiffre; 2° lorsque le diviseur est l'unité suivie d'un ou de plusieurs zéros; 3° lorsque les deux termes de la division renferment des zéros à leur droite.

Premier cas.

Lorsque le diviseur est un chiffre unique, on prendra, en commençant par la gauche, la moitié, le tiers, le quart, le cinquième, le sixième, le septième, etc., du dividende, selon que le diviseur est 2, 3, 4, 5, 6, 7, etc.

Exemple.

On demande combien il y a de semaines dans 1841 jours. R. 263 semaines.

opération.

$$\frac{1841}{\frac{1}{7}} = 263 \text{ semaines}$$

Je dois chercher combien de fois 7 jours sont contenus dans 1841 jours, ou prendre le septième de 1841. Je dis : le septième de 18 est de 2 pour 14; je pose 2. De 14 centaines à 18 centaines il y a une différence de 4 centaines qui valent 40 dizaines, et 4 autres dizaines qui sont au dividende font 44. Le septième de 44 est de 6 pour 42; je pose 6. Il reste 2 dizaines qui valent 20 unités et une qui est au dividende font 21 unités; le septième de 21 est de 5.

Pour éviter la confusion, on sépare le dividende du quotient par un trait.

Deuxième cas.

Pour diviser par 10, par 100, par 1000, etc., on sépare, à la droite du dividende écrit hors de la question, autant de chiffres décimaux qu'il y a de zéros à la droite de l'unité dans le diviseur. En effet, en séparant une, deux, trois décimales, on rend le nombre 10, 100, 1000 fois plus petit; donc on le divise par 10, par 100, par 1000. Tout cela deviendra plus clair par des exemples.

Premier exemple.

On veut partager 3476 entre 10 personnes; quelle sera la part de chacune? R. 347 fr. 6 décimes

ou 347 fr. 60 centimes.

En effet puisque le chiffre 7, qui était au rang des dizaines, est à celui des unités, que le chiffre 6 qui était au rang des unités est à celui des dixièmes, et que les autres chiffres ont dû être semblablement déplacés, il est clair que le dividende 3476 a été réellement rendu 10 fois plus petit. Donc la séparation d'une décimale de plus opère la division par 10.

Deuxième exemple.

On veut partager la même somme de 3476 francs entre 100 personnes; combien chacune recevra-t-elle? R. 34f 76 c.

J'ai simplement séparé deux décimales dans le nombre entier 3476. Si ce nombre avait renfermé des décimales, j'en aurais séparé 2 de plus.

Par là le chiffre des centaines descend au rang des unités : donc le nombre est rendu 100 fois plus petit.

Troisième cas.

Lorsque les deux termes de la division renferment des zéros, on en supprime autant de part et d'autre avant de diviser, et le quotient n'est pas changé.

En effet, le dividende devenant 10, 100, 1000 fois plus petit, le quotient sera également 10, 100, 1000 fois plus petit, puisque le diviseur sera contenu 10, 100, 1000 fois moins au dividende. Mais le diviseur devenant aussi 10, 100, 1000 fois plus petit, le quotient deviendra 10, 100, 1000 fois plus grand, puisqu'un diviseur plus petit doit être contenu plus de fois au dividende. Donc le quotient sera rendu autant de fois plus grand et plus petit. Donc il aura sa juste valeur.

Exemple.

Un marchand a acheté 37000 mètres de drap pour 548200 francs; à combien revient le mètre? R. à 14 fr. 82 c.

548200 { 37000   ou simplement :   5482 } 370

370 } 14 f, 81 c, 6

J'ôte aux deux termes autant de zé-   4782
ros qu'il y en a dans celui qui en ren-   1480
ferme le moins.

3020
2960

..600
370

2300
2220

80

RÉSUMÉ — QUESTIONNAIRE.

1° Prenez le sixième de 57882; prenez le neu-vième de 8757, etc. Rendez compte de la méthode.

2° Comment divise-t-on par 10, par 100, par 1000 ?

Donnez des exemples et prouvez l'exactitude de la méthode.

3° Comment fait-on la division des nombres en-tiers qui ont des zéros à leur droite?

Donnez des exemples et exposez le raisonnement sur lequel est basé ce procédé expéditif.

22e LEÇON.

Preuve de la Multiplication.

Un produit contenant le multiplicande autant de fois qu'il y a d'unités dans le multiplicateur, ou le multiplicateur autant de fois qu'il y a d'unités dans le multiplicande, si l'on divise un produit par un de ses facteurs, on doit retrouver l'autre. Ainsi un dividende est considéré comme un produit dont le diviseur est un facteur connu et le quotient un facteur inconnu.

Soit à prouver le premier produit de la leçon quatorzième; je diviserai 310250 par 365 et je trouverai au quotient l'autre facteur 850, si le produit que nous vérifions n'est pas fautif. On pourrait de même diviser 310250 par 850 et le quotient donnerait 365.

Une autre manière de prouver la multiplication, c'est de doubler l'un des facteurs et de prendre la moitié de l'autre; puis de multiplier ces nouveaux nombres dont le produit doit égaler celui qu'on vérifie.

Soit le produit 476 dont les facteurs sont 28 et 17.

Je double 28 = 56
Je prends moitié de 17 = 8 unités 5

$$
\begin{array}{r}
28\ 0 \\
448 \\
\hline
\end{array}
$$

produit égal = 476,0

ou :

14   moitié de 28
34   double de 17

$$
\begin{array}{r}
56 \\
42 \\
\hline
\end{array}
$$

476   produit égal encore.

En effet, si je double l'un des facteurs sans toucher à l'autre, j'obtiendrai un produit double, car j'aurai un nombre double pris autant de fois. Si d'ailleurs, sans toucher au premier facteur, je prends moitié du second, j'obtiendrai un produit deux fois plus petit : car il se compose du même multiplicande pris un nombre de fois deux fois plus petit. Donc si je multiplie le double de l'un des facteurs par la moitié de l'autre, le produit sera en même tems rendu deux fois plus grand et deux fois plus petit. Donc il ne sera pas changé.

RÉSUMÉ – QUESTIONNAIRE.

1° Comment fait-on la preuve de la multiplication ?

2° Donnez des exemples et rendez compte des méthodes.

———o———

23e LEÇON.

Preuve de la Division.

Le quotient désignant combien de fois le diviseur est contenu dans le dividende, si l'on répétait le diviseur autant de fois qu'il est dans le dividende, on reproduirait nécessairement ce dernier nombre. Ainsi, pour vérifier le résultat d'une division, on le multiplie par le diviseur et l'on doit retrouver le premier terme de la division, c'est-à-dire le dividende.

La division de 35711 par 67 m'a donné le quotient 533.

Pour le vérifier, je multiplie ce quotient 533 par le diviseur 67, et je reproduis le dividende 35711.

Si à la fin de la divison il se trouvait un reste, il faudrait ajouter ce reste au produit de la preuve : car ce reste empêche le quotient d'être un nombre exact, c'est—à—dire qu'il annonce que le diviseur n'est pas contenu un nombre juste de fois dans le dividende.

Exemple.

35687 contient 67 plus de 532 fois et 64 centièmes de fois, mais moins de 532 fois 65 c. Donc en répétant 67 unités 532 fois 64 c., il faut ajouter ce que 35687 contient de plus, c'est-à-dire le dernier reste (12 centièmes) qui annonce cet excédant.

RÉSUMÉ — QUESTIONNAIRE.

1° Comment fait-on la preuve d'une division?

2° Posez une division quelconque, cherchez-en le résultat et faites-en la preuve.

5° Donnez l'exposé des raisonnemens sur lesquels on base la méthode.

24ᵉ LEÇON.

Quelques applications des quatre premières opérations.

—

Première question.

Vous gagnez par votre travail 5 fr. 25 c. par jour; vous dépensez aussi par jour 2 fr. 75 c. Combien économiserez-vous dans 6 semaines? R. 75 fr. 50 c.

Solution. Je chercherai combien je gagne dans les 6 semaines, puis combien je dépense dans le même tems, et en comparant la dépense avec le gain, je saurai combien j'économise.

D'abord 6 semaines $=$ 36 jours de travail, parce que chaque semaine donne 6 jours de travail et que 6 fois 6 font 36. Donc je gagne 36 fois 5 fr. 25 c., c'est-à-dire 189 fr.

D'un autre côté 6 semaines $=$ 42 jours de dépense, parce que chaque semaine donne 7 jours de dépense et que 6 fois 7 font 42. Donc je dépense 42 fois 2 fr. 75 c., c'est-à-dire 115 fr. 50.

Enfin j'économise ce qu'il y a de moins dans ma dépense que dans mon bénéfice. Or, 189 fr. moins 115 fr. 50 c. donnent 75 fr. 50.

5 fr. 25 $\times$ 36 j. $=$ 189 fr.; d'ailleurs 2 fr. 75 $\times$ 42 j. $=$ 115, 50. Enfin 189 fr. $-$ 115 fr. 50 $=$ 73 fr. 50.

Deuxième question.

J'ai acheté 127 mètres de drap qui m'ont coûté 994 fr.; je voudrais gagner 520 fr. Combien dois-je vendre le mètre? R. 11 fr. 92 c.

Solution. Je joins, par une addition, le prix que j'ai donné avec ce que je veux gagner, pour savoir ce que je recevrai en tout. Je divise ensuite le total par le nombre des mètres qui seront vendus, et je trouve au quotient le prix que je dois retirer de chaque mètre: car ici chaque mètre sera vendu la 127me partie du prix des 127 mètres.

$994 + 520 = 1514$, et $1514 : 127 = 11$ fr. 92 c.

Remarque.

Quand on connaît parfaitement les quatre opérations fondamentales de l'arithmétique, on peut résoudre toutes les questions relatives au calcul, pourvu qu'on raisonne d'une manière juste. En effet, toutes les méthodes possibles supposent l'emploi sagement combiné de ces quatre opérations.

Pour résoudre un problème d'arithmétique, il ne faut pas se contenter de lire superficiellement la question, mais il faut en saisir le sens, l'envisager sur toutes ses faces, reconnaître quelle sera la nature du résultat définitif, s'assurer des moyens par lesquels on pourra parvenir à ce même résultat. Puis on emploie, d'après des raisonnemens solides appliqués aux données de la question, soit l'une, soit plusieurs des quatre opérations, en se rappelant toujours qu'on additionne pour trouver un nombre équivalent à plusieurs; qu'on soustrait pour connaître la différence de deux quantités; qu'on multiplie pour savoir ce que devient un nombre lorsqu'il est répété plusieurs fois; qu'enfin on divise pour trouver une partie quelconque d'une quantité.

1° Que suffit-il de savoir pour résoudre tout problème de calcul ?

2° Peut-on y parvenir sans étudier la question ?

3° Se borne-t-on toujours à une seule opération pour parvenir au résultat demandé ?

4° Comment saura-t-on quelles opérations il faut effectuer ?

5° A quoi sert chacune des quatre opérations ?

25ᵉ LEÇON.

Fractions ordinaires. Leur conversion en décimales.

Les *fractions*, avons-nous dit, sont des parties d'unités. Outre les fractions décimales dont nous avons parlé, il y a encore des fractions qu'on appelle *fractions ordinaires*. Ce sont celles qui ne suivent pas les lois décimales, par exemple *un tiers, trois quarts, cinq sixièmes, sept douzièmes, etc.* Pour écrire ces fractions, on se sert de deux nombres séparés par un trait oblique ou par un trait horizontal. Ainsi deux tiers s'écriront $\frac{2}{3}$ ou 2/3 ; trois septièmes s'écriront $\frac{3}{7}$ ou 3/7.

Le nombre inférieur nommé *dénominateur* indique en combien de parties égales l'unité se trouve divisée. Le nombre supérieur nommé *numérateur* indique combien on prend de ces parties. Ainsi la fraction

5/16 annonce que l'unité est partagée en 16 parties
dont chacune est un seizième, et que l'on prend ici
trois de ces parties, c'est-à-dire trois seizièmes. Pour
lire les fractions, on énonce d'abord le numérateur,
puis le dénominateur à la suite duquel on ajoute la
terminaison *ième*, si ce dénominateur n'est ni 2, ni
3, ni 4; car alors il s'énonce *demi, tiers, quart*. Ainsi
5/6 se liront : *cinq sixièmes*; 3/4 se liront : *trois
quarts*.

Pour ne pas entrer dans les détails que nécessite la
théorie des fractions, théorie embarrassante pour les
enfans et dont l'utilité est devenue moins générale
depuis la mise en pratique des nouvelles mesures,
nous allons donner le moyen de convertir les fractions
ordinaires en décimales, de sorte qu'après cette conversion on n'ait plus qu'à faire les opérations que
nous avons indiquées pour les nombres décimaux.

Si nous avions 5 au reste d'une division dont le
diviseur fût 8, ces 5 unités à rendre 8 fois plus petites ou à diviser par 8 équivaudraient à 5/8.

Pour les évaluer en décimales, nous ajoutons au
reste 5 un zéro qui convertit les 5 unités en 50 dixièmes,
et nous continuons la division en ajoutant un zéro à
chaque reste pour obtenir des décimales. On opère de
même pour convertir les fractions ordinaires en décimales :

soit la fraction 5/8

conversion

50 $\big\{$ 8

48 $\big\}$ 0 unités 625

.20

16

.40

40

. .

Je pose d'abord 0 unité : car il est clair que 5/8 ne valent pas une unité. Les 5 unités ou 50 dixièmes divisés par 8 donnent 6 dixièmes au quotient. Le premier reste, 2 dixièmes ou 20 centièmes, donne 2 centièmes au quotient, et enfin le deuxième reste, 4 centièmes ou 40 millièmes, donne 5 millièmes. J'en conclus que 5/8 égalent 625 millièmes. On pousse la conversion à des décimales d'autant plus éloignées que l'on désire plus d'exactitude dans les résultats.

Ainsi, pour convertir les fractions ordinaires en décimales, traitez la fraction comme un reste de division; considérez le numérateur comme ce reste même et le dénominateur comme un diviseur.

Premier exemple,

Nous avons 51 fr. par mois; combien pour 8 mois 18 jours ou pour 8 mois $\frac{3}{5}$?   R. 438 fr. 60.

Solution. Nous devons répéter 51 fr. 8 fois et $\frac{3}{5}$ de fois; donc il faut multiplier 51 par 8 et par $\frac{3}{5}$; je convertis d'abord $\frac{3}{5}$ en décimales et j'obtiens 6 dixièmes. Donc il faut multiplier 51 fr. par 8 mois 6 dixièmes. Le produit égale 438 fr. 60 c. Cette question sera résolue autrement plus tard.

Deuxième exemple.

Je fais par jour 5 mètres 2/3 d'ouvrage. En combien de tems terminerai-je un travail de 45 mètres? R. En 8 jours.

Solution. 2/3 = 0,6666; donc 5 mètres 2/3 = 5 mètres 6666. Autant de fois 5 mètres 6666 se trouvent dans 45 mètres, autant il me faudra de jours. Or 45 : 5 mètres 6666 = 450000 : 56666 et le quotient donne 7 jours 94 centièmes ou 8 jours à peu de chose près.

Troisième exemple.

Un ouvrage sera fait par trois ouvriers, dont l'un ferait la besogne en 5 jours; l'autre en 7 jours, et le dernier en 8 jours. S'ils travaillent ensemble, combien leur faudra-t-il de tems? R. 2 jours 137.

Solution. Le premier pouvant faire la besogne en 5 jours fait par jour 1/5.
Le 2e faisant la besogne en 7 jours fait par jour 1/7.
Le 3e faisant la besogne en 8 jours fait par jour 1/8.

Donc en travaillant ensemble, ils feront par jour $\frac{1}{5} + \frac{1}{7} + \frac{1}{8}$. Je convertis ces fractions en décimales, et je trouve que

La 1e = 0,   5 dixièmes.
La 2e = 0,   14285 cent-millièmes.
La 3e = 0,   125 millièmes.

Total. = 0,^{unité} 46785 qui seront faits par jour.

On fait donc par jour les 46785 cent-millièmes Mais l'unité égale 100000 cent-millièmes, et autant de fois 46785 cent-millièmes sont contenus dans l'ouvrage pris pour unité ou dans les 100000 cent-millièmes, autant il faudra de jours. La division, en supprimant la virgule de part et d'autre, donne pour quotient 2 jours 137 millièmes.

Nous avons choisi des exemples un peu difficiles, afin de prouver que la méthode proposée est applicable à tous les cas.

Pour être souvent dispensé de convertir en décimales, on devra se rappeler que les fractions $\frac{1}{4}$, $\frac{1}{3}$, $\frac{1}{2}$, $\frac{2}{3}$ et $\frac{3}{4}$ étant celles qu'on emploie le plus fréquemment, $\frac{1}{4} = 0,25$; $\frac{1}{3} = 0,333$; $\frac{1}{2} = 0,50$; $\frac{2}{3} = 0,666$ et enfin $\frac{3}{4} = 0,75$.

RÉSUMÉ – QUESTIONNAIRE.

1° Qu'entend-on par *fractions ordinaires*, par *numérateur*, par dénominateur ?

2° Que désignent respectivement le numérateur et le dénominateur ?

3° Comment lit-on les fractions ordinaires ? Donnez des exemples.

4° Comment les écrit-on ? Donnez des exemples.

5° Comment considérez-vous une fraction que vous voulez convertir en décimales ?

6° Comment fait-on cette conversion ?

Donnez des exemples et rendez compte de la méthode.

26e Leçon.

Proportions.

On appelle *proportion* une suite de quatre nombres dont le premier est par rapport au deuxième ce que

le troisième est par rapport au quatrième, ou autrement une suite de deux rapports égaux.

Par exemple : 8 est à 2 comme 64 est à 16. En
effet, si 8 contient quatre fois 2, 64 contient aussi
quatre fois 16.

Les proportions s'écrivent de cette manière :

8 : 2 :: 64 : 16, ce qui s'énonce : 8 est à 2 comme
64 est à 16, ou : 8 divisé par 2 égale 64 divisé par
16.

Les deux termes qui se trouvent au milieu de la
proportion, c'est-à-dire le deuxième et le troisième, se
nomment les *moyens;* et les deux autres, c'est-à-dire
le premier et le dernier, sont appelés les *extrêmes.*

Une des propriétés des proportions, c'est que le
produit des extrêmes est égal à celui des moyens. En
d'autres termes, si l'on multiplie ensemble les deux
termes des extrémités de la proportion, on obtient
un produit pareil à celui qu'on trouve en multipliant les deux termes du milieu.

Dans la proportion 8 : 2 :: 64 : 16, on a $2 \times$
$64 = 8$ fois 16. En effet, l'une et l'autre multiplication donnent le même produit 128. Donc si je ne
connaissais pas le dernier terme, en multipliant les
deux moyens (2×64), j'aurais un produit 128 qui
peut avoir aussi pour facteurs l'extrême 8 et l'extrême
supposé inconnu. Mais en divisant un produit par l'un
de ses facteurs, on trouve l'autre. Donc 128 divisé
par 8 me donnerait le quatrième terme ou 16.

1° Qu'entend-on par *proportion ?*

2° Comment écrit-on et comment énonce-t-on une proportion?

3° Quels noms prennent les différens termes d'une proportion?

4° Quelle est la propriété principale des proportions?

5° Si le dernier terme était inconnu, comment le trouverait-on?

Donnez un exemple relatif à cette dernière question et rendez compte de la méthode.

27ᵉ LEÇON.

Règle de trois simple.

La *règle de trois* est ainsi nommée, parce que les questions qui y sont relatives donnent trois termes connus qui servent à en faire découvrir un quatrième inconnu, qui est l'objet même de la question. Cette règle est *simple* ou *composée*

La *règle de trois simple* se fait par une seule proportion. Pour plus de facilité, on pose d'abord le second rapport, c'est-à-dire le troisième et le dernier terme. Ce troisième terme doit être la quantité qui est de même espèce que l'inconnue et le quatrième st cette inconnue même, qu'on remplace par la lettre

x. Puis, à leur gauche, on place les deux autres quantités qui sont toutes deux connues et de la même nature. Mais c'est la disposition de ces deux premiers termes qui demande une attention particulière. Il s'agit d'examiner si x doit être plus grand ou plus petit que sa relative, c'est-à-dire que la quantité qui est de la même espèce que x. Si x doit être plus grand, x étant le second terme du dernier rapport, il faut, pour qu'il y ait proportion, que le second terme du premier rapport soit plus grand que le premier terme. Si, au contraire, x doit être plus petit que sa relative, on met alors au second terme de la proportion ou du premier rapport le plus petit des nombres qui doivent former ce premier rapport.

Premier exemple.

Si 24 mètres de drap coûtent 372 francs, combien à proportion coûteront 86 mètres du même drap ? R. 1333 francs.

Solution. 24 mètres : 86 mèt. :: 372 fr. : x.

Je multiplie 372 par 86, et je divise par 24 le produit 31992 francs. Ce qui s'annonce ainsi :

$$x = \frac{372 \times 86}{24}$$

Explication. J'ai posé d'abord le second rapport 372 fr. : x fr.

Puis, pour savoir comment je devais disposer les deux quantités qui précèderont celles-ci dans la proportion, je me suis dit : le prix de 86 mètres devant être plus fort que celui de 24 mètres, x sera plus grand que 372. Ainsi, le dernier rapport suivant une gradation croissante, il faut, pour qu'il y ait proportion, le même ordre dans les deux premiers termes. Donc, le premier rapport sera : 24 mètres : 86 mèt., et la proportion revient à 12 mt. : 86 mt. : : 572 fr. : x fr.

Deuxième exemple, preuve du précédent.

86 mètres valant 1333 fr., combien valent 24 mètres? R. 372 fr.

Solution. 86 mètres : 24 mèt. : : 1333 fr. : x.

$$x = \frac{1333 \text{ fr.} \times 24 \text{ mèt.}}{86}$$

L'inconnue x, qui doit être ici plus petite que 1333 fr. parce que 24 mètres coûteront moins que 86, m'oblige à mettre le premier rapport en gradation décroissante, pour qu'il soit en harmonie avec le second.

Troisième exemple, déjà résolu à la 25ᵉ leçon.

Nous avons 51 francs par mois; combien aurons-nous pour 8 mois 18 jours, en comptant tous les mois de 30 jours? R. 438 fr. 60.

Solution. D'abord 8 mois 18 jours égalent 8 fois 30 jours plus 18 jours, total 258 jours.

Le dernier rapport 51 fr. : x fr. suit une marche ascendante : car 258 jours produiront plus qu'un mois ou que 30 jours. Donc le premier rapport devra avoir son second terme aussi plus fort que le premier, et la proportion sera :

$$30 \text{ j.} : 258 \text{ j.} : : 51 \text{ fr.} : x \text{ fr.}$$

$$x = \frac{258 \times 51}{30} = 438 \text{ fr. } 60 \text{ c.}$$

Ce procédé bien compris tire les commençans du plus grand embarras que cette règle puisse présenter.

Quatrième exemple.

Huit ouvriers pourraient faire une besogne en 135 jours; mais on est obligé de la terminer en 90 jours. Combien faudra-t-il employer d'ouvriers de la même force?   R. 12 ouvriers.

Solution. Le second rapport qui doit être 8 ouvriers : x aura ses termes disposés en gradation croissante; car, pour faire une besogne en 90 jours, il faudra plus d'ouvriers que pour la faire en 135 jours. Donc x ou le quatrième terme de la proportion sera plus fort que le troisième. Donc aussi, dans le premier rapport, les termes devront suivre une progression semblable, ou bien le second terme devra être plus fort que le premier terme. Donc le premier rapport sera :

$$90 \text{ jours} : 135 \text{ jours}$$

et la proportion entière

$$90 : 135 :: 8 : x$$

$$x = \frac{8 \times 135}{90} = 12.$$

Cet exemple se rapporte à ce qu'on nomme ordinairement *règle de trois inverse.* Mais la manière de procéder que nous conseillons de suivre, dispense du soin de distinguer si la règle de trois simple est *directe* ou *inverse*, et par conséquent simplifie le calcul.

Cinquième exemple, preuve du quatrième.

Douze ouvriers font en 90 jours une certaine besogne; combien d'ouvriers suffiront pour la terminer en 155 jours?

$$135 \text{ jours} : 90 \text{ jours} :: 12 \text{ ouvriers} : x \text{ ouvriers}.$$

```
            12
          ─────
           180
            90
          ─────
       1080 ⌐ 135
       1080 ⎱ ─────
      ──────⎰ 8 ouvriers
       0000 ⌊
```

RÉSUMÉ — QUESTIONNAIRE.

1° Qu'entend-on par *règle de trois*?

2° Pourquoi la nomme-t-on ainsi ?

5° Comment pose-t-on la proportion qu'elle nécessite?

4° Quelles opérations faut-il effectuer?
Donnez des exemples.

28ᵉ LEÇON.

Moyen d'abréger la Règle de trois.

Sans recourir à une proportion, on peut simplement chercher par une division à combien revient l'unité et multiplier le prix ou la valeur de l'unité par le nombre des obje s de la même espèce qui doivent coûter ce prix. On nomme cette méthode *réduction à l'unité*, parce que l'on commence à chercher le prix d'une seule unité pour connaître ensuite le prix de plusieurs. Pour faire comprendre ce procédé, je rétablis la première question de la leçon précédente.

24 mètres de drap valent 372 francs; combien coûront 86 mètres d'un drap pareil?   R. 1333 fr.

En divisant 372 fr. par 24 mètres, je saurai quel est le prix d'un seul mètre : car un mètre vaudra la vingt-quatrième partie de 372 francs, et le prix d'un mètre, multiplié par 86 mètres, ou répété 86 fois, donnera le prix des 86 mètres.

$$372 : 24 = 15 \text{ fr. } 50 \text{ c. prix d'un mètre}$$

et 15 fr. 50 × 86 mèt. = 1333ᶠ résultat cherché.

Dans la solution du quatrième exemple de la leçon précédente, on peut aussi employer la réduction à l'unité, en raisonnant de cette manière :

S'il y avait un seul ouvrier, il lui faudrait 8 fois plus de tems qu'à 8 ouvriers. Donc au lieu de 135 journées il lui en faudrait 8 fois 135 ou 1080 journées. Mais nous employons 90 ouvriers; il leur faudra 90 fois moins de tems. Prenons donc la 90ᵐᵉ partie de 1080 jours, et nous aurons 12 pour quotient.

Ici au lieu de commencer par une division, on multiplie d'abord pour terminer par la division; mais le plus souvent on aura lieu de suivre la méthode indiquée pour la première question. C'est le raisonnement amené par le sens du problème qui doit servir de guide.

Nous disons que cette méthode est expéditive, quoiqu'on soit obligé d'écrire presque autant de chiffres. Mais on est dispensé de poser une proportion.

Dans les divisions, il faut chercher des décimales assez éloignées, surtout quand le multiplicateur est un nombre considérable.

RÉSUMÉ — QUESTIONNAIRE.

1° Ne peut-on pas sans proportion résoudre les questions relatives à la règle de trois?

2° Pourquoi appelez-vous cette méthode *réduction à l'unité?*

5° Quelles opérations doit-on faire ordinairement en pareil cas?

29e LECON.

Règle de trois composée.

On appelle *règle de trois composée* toute question dont la solution exige plusieurs règles de trois simples dans chacune desquelles on fait entrer le résultat de la précédente.

Exemple.

Quinze ouvriers travaillant pendant 12 jours ont fait un fossé de 900 mètres cubes; combien de mètres feraient 18 ouvriers de même force en 5 jours?
R. 270 mètres.

Supposons d'abord que le tems soit le même de part et d'autre, ou bien n'ayons égard qu'à la différence du nombre des ouvriers.

Nous aurons pour première proportion
15 hommes : 18 h. :: 900 mèt. cub. : x mèt. cub.

Et en tirant la valeur de l'inconnue, on trouve que 18 ouvriers travaillant aussi long-tems et aussi habilement que les premiers feraient 1080 mètres au lieu de 900.

Ayons égard maintenant à la différence des tems, et nous dirons :

12 jours : 3 jours :: 1080 mèt. : x mèt.

Ici l'inconnue égale 270 mèt. résultat définitif.

Cette manière de procéder peut être employée dans presque tous les cas.

Pour cette solution, on aurait pu, par des opérations préalables, ramener la question à une seule règle de trois simple.

On dirait : 15 ouvriers travaillant 12 jours, c'est comme 12 fois 15 ouvriers ou 180 ouvriers travaillant un seul jour. D'ailleurs 18 ouvriers travaillant 3 jours, c'est comme 3 fois 18 ouvriers ou 54 ouvriers travaillant un seul jour. On aura donc la proportion unique.

180 ouvriers : 54 ouvr. :: 900 mèt. : x mèt.

$$x = \frac{900 \times 54}{180} = 270 \text{ mètres.}$$

Remarque. On voit, par cette dernière manière d'opérer, que l'on peut rapporter à la règle de trois composée certaines questions qui, sans obliger à faire plusieurs règles de trois, peuvent seulement exiger une ou plusieurs multiplications, une ou plusieurs divisions avant ou après la proportion.

Exemple.

Un tisserand a employé 50 kilogr. de fil à faire 65

mètres 25 centimèt., d'une toile large de 1 mèt. 20. Avec 60 kilogr. du même fil, il veut faire une autre pièce large de 1 mèt. 45; quelle en sera la longueur? R. 64 mètres, 8 décimètres.

Pour connaître une surface, on multiplie ordinairement sa longueur par sa largeur; ici 65 mèt. 25 par 1 mèt. 20 et l'on obtient pour résultat 78 mèt. carrés 30 centièmes, surface de la première pièce de toile.

Je dois ensuite poser la proportion

50 k. : 60 k. :: 78 mèt. car. 50 : x mèt. car.

La valeur de l'inconnue est ici de 93 mèt. car. 96 centièmes. Donc la seconde pièce de toile aura une surface de 93 mèt. 96. Mais ces mètres carrés sont le produit de la largeur 1 mèt. 45 par la longueur inconnue. Or, un produit divisé par l'un de ses facteurs fait découvrir l'autre. Divisons donc 93 mèt 96 par 1 mèt. 45 ou 9396 par 145. Le quotient 64 mèt 8 décimètres donne la longueur de cette seconde pièce.

RÉSUMÉ — QUESTIONNAIRE.

1° Qu'appelle-t-on *règle de trois composée?*

2° N'exige-t-elle pas plusieurs proportions, autant qu'il y a de circonstances différentes indiquées par la question?

3° Le résultat de la première n'entre-t-il pas dans la seconde et ainsi de suite?

4° Ne peut-on pas aussi la ramener à une règle de trois simple?

Donnez des exemples et rendez compte des méthodes.

30ᵉ LEÇON.

Réduction à l'unité employée pour la Règle de trois composée.

On peut abréger les opérations relatives à la règle de trois composée, ou pour mieux dire se dispenser de poser des proportions, en ramenant les nombres de la question à ce qu'ils seraient, si au lieu de plusieurs jours, de plusieurs mètres, de plusieurs ouvriers, etc., il n'y avait qu'un jour, qu'un mètre, qu'un ouvrier, etc., pour faire ensuite soit les multiplications, soit les divisions indiquées par les raisonnemens que suggère la question.

Dans ces réductions à l'unité, on modifie le nombre qui est de la même espèce que le résultat définitif. Par conséquent si l'on commence par une division, on choisit pour dividende le nombre qui est de même nature que le résultat demandé par la question. Si au contraire on commence par une multiplication, ce qui arrive rarement dans cette méthode de réduction à l'unité, on choisit pour multiplicande le nombre qui est aussi de la même espèce que celui qui servira de réponse.

Ainsi la question première de la leçon précédente sera résolue si l'on veut, comme il suit:

900 mèt. : 15 ouvr. = 60 mèt. faits par un seul ouvrier dans douze jours.

60 mèt. : 12 jours = 5 mèt faits par un seul ouvrier dans un jour.

5 mèt × 18 ouvriers = 90 mèt. faits par 18 ouvriers dans un jour.

Enfin 90 mèt. × 3 jours = 270 mèt. faits par 18 ouvriers en 3 jours.

RÉSUMÉ — QUESTIONNAIRE.

1° La règle de trois composée ne peut-elle pas se résoudre sans proportions?

2° N'est-ce pas encore en réduisant à l'unité?

3° Comment opère-t-on ordinairement en pareil cas ?

Donnez des exemples et rendez compte des méthodes.

31ᵉ LEÇON.

Règle d'intérêt.

Les usages de la règle de trois sont nombreux. On l'emploie particulièrement pour la règle d'intérêt, pour la règle d'escompte, pour la règle de société. Quant au premier de ces usages, il est sans contredit le plus fréquent.

Dans la *règle d'intérêt* on prête une certaine somme qui produit tant de revenu par cent pour une année. La somme prêtée se nomme le *capital* ou le *principal* ; le revenu produit par cette somme se nomme la *rente* ou *l'intérêt*, et le revenu de cent francs se nomme le *taux* de l'intérêt.

Premier cas.

Quand on doit chercher seulement l'intérêt d'un an pour une somme quelconque, on pose la proportion :

Cent est à la somme prêtée comme l'intérêt de cent est à l'intérêt cherché.

Exemple.

J'ai placé la somme de 6546 francs à raison de 5 pour cent par an. Combien recevrai-je de rente par an?   R. 327 fr. 30 c.

100 : 6546 :: 5 : x

$$\frac{5}{32730}\ \Big|\ \frac{100}{327\ \text{fr. }30}$$

La division par 100 se fait en retranchant deux décimales de plus. On voit en effet qu'ici j'ai au quotient les mêmes chiffres qu'au dividende; mais j'ai marqué les unités à la place où se trouvaient les centaines avant la division.

On peut, dans ce cas, se dispenser de poser une proportion. Ce procédé plus simple consiste à multiplier la somme prêtée par autant de centimes qu'on a de francs pour cent, et cette méthode revient à ce qu'on appelle réduction à l'unité.

$$\frac{6546 \quad 0\,\text{f. }05}{327\,\text{f. }30}$$

En effet, si l'on a 5 francs par cent, on a cent fois moins par franc ou 5 centimes d'intérêt pour un franc. Pour 6546 francs, on aura donc 6546 fois 5 centimes.

Deuxième cas.

Si l'on a plusieurs années dans la question, on multiplie d'abord *le taux* par les années, puis on pose la proportion : 100 : à la somme prêtée :: l'intérêt de cent pour le nombre d'années indiqué : x.

Exemple.

Un banquier donne 4 francs par an pour cent francs mis en dépôt : un ouvrier lui a confié 849 fr. il y a 5 ans; combien a-t-il déjà reçu de rente? R. 169 fr. 80 c.

Solution. 4 fr. $\times$ 5 ans $=$ 20 fr. donc on a : si 100 donnent 20 fr. combien donnent 849? ou bien

100 : 849 :: 20 : x

x $=$ 169 fr. 80 c.

Autrement et par réduction à l'unité :

A 4 fr. pour cent on a 4 centimes par franc et par an; à 4 centimes par an on a 20 centimes pour 5 ans et pour un franc. Donc pour 849 fr. on aura 849 fois 20 centimes, ou 169 fr. 80 c.

Troisième cas.

S'il y a des mois outre les années, on réduit les années et les mois en un seul nombre de mois, et après avoir cherché quel serait l'intérêt d'une année, on pose la proportion :

12 mois : à tant de mois :: l'intérêt de l'année : x.

Exemple.

On a prêté 542 fr. pour 3 ans 2 mois; combien aura-t-on de rente à raison de 5 pour cent par an? R. 85 fr. 81 c. 2/3.

Solution. Je réduis 3 ans 2 mois en un seul nombre de mois, et j'obtiens 38 mois. Je cherche ensuite l'intérêt de 542 francs pour une année et j'obtiens 27 f. 10 c. puis je dis :

12 mois : 38 mois :: 27^f 10 : x = 85^f 81^c 66.

Autrement :

0 fr. 05 × 542 fr. = 27 fr. 10 par an et 27 fr. 10 × 3 ans = 81 f. 30 pour 3 ans. De plus, pour 2 mois, je prends $\frac{1}{6}$ de ce que j'ai pour l'année ou de 27 fr. 10. Ce 1/6 = 4 f. 51 c. 66, qui, ajoutés à 81 f. 30, donnent un total de 85 fr. 81 c. 66. J'ai pris pour 2 mois le $\frac{1}{6}$ de ce que j'ai pour l'année : car 2 mois = 1/6 de 12 mois. C'est ainsi que 1 mois = $\frac{1}{12}$; 3 mois = 1/4; 4 mois = 1/3; 6 mois = $\frac{1}{2}$; 8 mois = 2/3 et 9 mois = 3/4 ou 1/2 plus 1/4.

Quatrième cas.

Lorsque, outre les années et les mois, la question porte encore un nombre de jours, après avoir cherché l'intérêt de l'année et converti les années, les mois et les jours en un seul nombre de jours, on pose la proportion.

360 jours : tant de jours :: l'intérêt d'un an : x.

Exemple.

On a prêté 1579 fr. pour 3 mois 12 jours au taux de 5. Quelle sera la somme à percevoir ? R. 1601 fr. 37 centimes.

Solution. 5 cent. × 1579 fr. = 78 fr. 95, intérêt d'une année; d'ailleurs 3 mois 12 jours égalent 102 jours. Donc on a la proportion 360 jours : 102 j. :: 78 fr. 95 intérêt annuel : x, intérêt cherché = 22 fr. 37, intérêt du tems marqué.

Puisque l'intérêt est de 22 fr. 37, la somme totale

à percevoir sera le capital plus son intérêt, ou 1579 plus 22 fr. 37 = 1601 fr. 57.

Dans cette dernière proportion, nous avons compté tous les mois égaux et l'année composée de 360 jours : tel est l'usage le plus ordinaire dans les règles d'intérêt. On a voulu par cette convention simplifier les calculs.

RÉSUMÉ – QUESTIONNAIRE.

1° Qu'appelle-t-on *règle d'intérêt ?*

2° Ne peut-on pas, dans ces sortes de questions, employer la règle de trois ?

3° Exposez les méthodes employées dans tous les cas et énoncez en termes généraux les proportions qui doivent être posées.

4° Ne peut-on pas employer la réduction à l'unité pour trouver l'intérêt d'une année ?

Donnez des exemples relatifs à chaque partie de ce questionnaire.

32ᵉ LEÇON.

Escompte.

L'*escompte* consiste à faire, au profit de celui qui paie comptant, une déduction à raison de tant par cent sur une somme qui devait être payée dans un certain délai, d'après lequel aussi doit varier le montant de l'escompte. Par exemple, quand l'escompte est au taux de 5, un négociant peut verser 95 francs comptant au lieu de 100 fr. payables dans un an.

Pour résoudre les questions qui sont relatives à l'escompte, la méthode ordinaire consiste à soustraire de cent l'escompte que l'on aurait pour cent et pour le tems indiqué; puis on pose la proportion :

100 : 100 moins l'escompte :: telle somme : x.

Ce qui signifie : si 100 se réduisent à 95, ou 96 ou 97, telle somme portée par la question se réduit à x, et alors x donne la somme escomptée.

On peut aussi chercher l'escompte comme on chercherait l'intérêt, puis on le soustrait du principal.

Cette derniere méthode sera la plus facile à suivre, lorsqu'on devra escompter pour des mois et des jours.

Exemple.

On doit 518 fr. payables dans 2 ans; combien versera-t-on comptant si l'escompte est à 5 pour cent par an?   R. 466 fr. 20 c.

Solution. Si l'on a 5 paran, on aura 10 pour 2 ans : donc 100 fr. escomptés se réduisent à 90.

Ainsi l'on a la proportion : 100 : 90 :: 518 : x = 466 fr. 20 c.

Autrement :

| 518 | 25 fr. 90 |
5 cent.	X 2
25, 90 escompte d'un an.	51 f. 80 escompte de deux ans.

Donc on paiera 518 moins 51^f 80 ou 466^f 20^c.

Deuxième exemple.

Vous devez donner 180 fr. dans 2 mois; si vous

payez comptant, on vous escomptera à raison de 4 pour cent par an; combien vous restera-t-il à payer ? R. 178 fr. 80 c.

Solution. Au lieu de 4 fr. il faut seulement compter 1/3 de 4 fr. pour 2 mois; mais 1/6 de 4 fr. = 0 fr. 66 c. 6666 fraction décimale périodique, c'est-à-dire qui se prolongerait indéfiniment en reproduisant toujours le même chiffre. Je m'arrête à la sixième décimale, et 100 fr. escomptés vaudront 100 fr. moins 0 fr. 666666, ou 99 fr. 333334 et j'ai 100 : 99 francs 333334 :: 180 : x = 178 fr. 80 c.

Autrement :

180 fr. dans un an à 4 donneraient 7 fr. 20 d'escompte. Pour 2 mois, on aurait 1/6 de 7 fr. 20 ou 1 fr. 20.

Donc, il faut déduire 1 fr. 20 de 180; le reste égale 178 fr. 80 c.

RÉSUMÉ — QUESTIONNAIRE.

1° Qu'entend-on par *escompte?*

2° Ne peut-on pas considérer l'escompte comme un intérêt qu'on déduit?

3° Quelles opérations faut-il effectuer?

Donnez des exemples et rendez compte des procédés.

34ᵉ LEÇON

Règle de société simple.

La *règle de société* a généralement pour but de

partager un bénéfice entre des associés, proportion-
nellement aux mises de chacun et au temps pendant
lequel elles sont restées au fonds commun.

Cette règle est nommée *simple* quand on a égard
seulement aux mises et que les temps sont les mêmes.

Alors après avoir additionné les mises, on pose la
proportion : la mise totale est au gain total, comme
une mise particulière est à un gain particulier.

On fait donc autant de proportions qu'il y a d'as—
sociés, et toutes ont des termes semblables, excepté
celui qui annonce la mise particulière; car il peut être
différent dans chaque proportion.

Exemple.

Trois marchands ont acheté une coupe de bois. Le
premier y a contribué pour 2750 fr.; le deuxième pour
4750 fr. et le troisième pour 5000 fr. A ce marché
ils ont gagné 15000 fr. Quel doit être le bénéfice
particulier de chacun?

Solution. Comme ce sont les mises réunies qui ont
produit le bénéfice, je dois les additionner.

Nombres proportionnels $\begin{cases} 2750 \\ 4750 \\ 5000 \end{cases}$

Mise totale $=$ 12500

Entre chaque mise particulière et chaque bénéfice
particulier, il doit y avoir le même rapport qu'entre la
mise totale et le bénéfice total.

J'aurai donc pour le premier associé la proportion :

12500 : 15000 :: 2750 : x $=$ 3300 fr. part du 1er dans le bénéfice.
J'aurai pour le deuxième :
12500 : 15000 :: 4750 : x $=$ 5700 fr. part du 2° dans le bénéfice.
J'aurai pour le troisième :
12500 : 15000 :: 5000 : x $=$ 6000 fr. part du 3° dans le bénéfice.

Total. 15000 fr.

Pour preuve on additionne les parts, et comme il est clair, le total doit égaler la somme distribuée.

RÉSUMÉ — QUESTIONNAIRE.

1° Qu'appelez-vous *règle de société* et quand est-elle *simple* ?

2° Comment détermine-t-on chaque part et par quelle proportion?

3° Enoncez cette proportion d'une manière générale.

35e LEÇON.

Observations sur la Règle de société simple.

Première remarque.

On pourrait abréger ces opérations par la raison que, dans chaque proportion d'une règle de société, l'un des facteurs et le diviseur sont toujours les mêmes respectivement.

Après avoir fait le total des mises, on diviserait le bénéfice par ce total, et le quotient serait multiplié par chaque mise partielle, procédé qui se trouvera expliqué par l'application que nous allons en faire à la question précédente.

15000 fr. de bénéfice divisés par 12500 fr., total des mises, ou en supprimant deux zéros à chaque terme 150 : 125 = 1 fr. 20 c. de bénéfice par chaque franc de la mise. Cette somme de 1 fr. 20 c., multipliée par la première mise ou par 2750, donnera 3300 fr. pour premier bénéfice,

1 fr. 20 multipliés par la deuxième mise ou par 4750 donneront 5700 fr. pour deuxième bénéfice.

Enfin, 1 fr. 20 × la troisième mise ou par 500 fr. donneront 6000 fr. pour troisième bénéfice.

Seconde remarque.

Pour un partage, on ne doit pas faire de proportion si les mises et les temps sont égaux, ou s'il n'y a pas eu de mise. On doit seulement avoir égard à toutes les autres circonstances qui peuvent rendre les portions inégales, et qui amènent ordinairement des additions, des soustractions et tout au plus des divisions faciles.

Exemple.

Deux associés ont mis chacun 1000 fr. dans une entreprise. Il reste 2290 fr. à partager. Le premier a prélevé 150 fr. sur le fonds commun et le second a payé au contraire 300 fr. de dépense commune. Il s'agit de faire le partage et d'indiquer le gain.

Solution. Les 150 fr. prélevés doivent être fictivement, c'est-à-dire par le calcul, rapportés à la masse avant le partage : car le second associé a droit à la moitié de cette somme.

150

plus 2290

total   2440 fr. dont chacun devrait avoir la moitié,
mais il faut déduire   300 de dépense commune.

2140 fr. qui restent véritablement à partager;
chacun aura moitié de cette somme ou 1070 fr.

Mais le premier a déjà reçu 150 fr.; il faut donc les lui retenir, et il recevra 1070 moins 150 ou 920 fr.

L'autre au contraire ayant payé 300 fr. doit les reprendre : il recevra donc 1070 plus 300 ou 1370.

Les deux parts réunies 1370 et 920 donnent vraiment 2290 fr., qui restent à partager.

Quant au gain, chacun ayant véritablement reçu 1070 fr. ou $\frac{1}{2}$ de 2140 gagne 70 fr. puisque la mise n'était que de 1000 francs.

Autrement :

Donnons à chacun moitié des 2290 fr. qui restent ou 1145 fr.

Mais le premier a pris de trop 75 fr. ou moitié des 150 fr. prélevés; il faut donc lui retenir 75 fr. Or 1145 moins 75 égalent 1070. De plus, il aurait dû payer moitié des 300 fr. dépensés. Sur les 1070 fr. il faut donc encore lui retenir 150. Le reste égale 920ᶠ.

Quant au second, à ses 1145 fr. ajoutez les 75 fr. (ou moitié de 150) auxquels il avait droit, plus 150 fr. (ou moitié de 300 fr.) qu'il a donnés de trop; total = 1370 fr.

RÉSUMÉ – QUESTIONNAIRE.

1° Dans le cas où la règle de société exige des proportions, ne peut-on pas l'abréger? Et comment?

2° Dans quel cas les partages ne demandent point de proportions?

3° Quelle marche faut-il suivre alors?

36ᵉ LEÇON.

Règle de société composée.

Dans la *règle de société composée* les mises et le temps pendant lequel les mises sont restées au fonds commun, ne sont pas les mêmes pour chaque associé. La méthode ordinaire est alors de multiplier les mises par les temps, pour additionner ensuite les produits dont le total représentera la masse commune. Le reste de l'opération se fait comme pour la règle de société simple.

Exemple.

Trois négocians ont à partager le gain qu'ils ont fait et qui s'élève à 6000 f. Le premier a mis 3000 f. pour un an; le deuxième 750 fr. pour 10 mois et le troisième 500 fr. pour 6 mois. Combien revient-il à chacun dans le bénéfice? R. le premier aura 4645ᶠ 16 c.; le deuxième 967 fr. 74 cent., et le troisième 587ᶠ 09 c. $\frac{2}{3}$.

Solution. Comme trois mille francs pendant 12 mois rapportent autant d'intérêt que 12 fois 3000 francs pendant un mois, je multiplie 3000 fr. par 12. Pour

une raison semblable, je multiplierai les autres sommes par les temps, et les produits exprimeront la valeur respective des mises différentes eu égard aux intérêts qu'elles produisent. Le reste de l'opération sera
semblable à ce qui se fait dans la règle de société
simple, soit par proportions, soit autrement.

5000×12 mois $= 36000^f$ pour les intérêts d'un mois.

750×10 mois $= 7500^f$ quant aux intérêts d'un m.

500×6 mois $= 5000^f$ id.   id.

         4 6 5 0 0 total des mises ou des nomb. prop.

Bénéfice 6000 $\Big\{$ 46500 fr. ou 60,0 $\Big\{$ 465

                      4350 $\Big\{$ 0 fr. 129032 de gain par

                      4200   chaque franc de la

                   ..1500   mise totale.

                   ..1050

$0^f 1290522 \times 36000 = 4645^f 16^c$ à un millième
                                près, pour la
                                première part.

$0^f 1290522 \times 7500 = 967^f 74^c$ pour la 2e part.

$0^f 1290522 \times 5000 = 387^f 19^c \frac{2}{3}$ pour la 3e part.

          Total. $= 5999^f 99^c \frac{2}{3}$ ou 6000 fr. à

$\frac{1}{3}$ de centime près.

Cette légère différence d'un tiers de centime vient
de ce que la division aurait pu être poussée à un rang
de décimales plus avancé à droite.

RÉSUMÉ — QUESTIONNAIRE.

1° Quelle différence y a-t-il entre la règle de société simple et la règle de société composée?

2° Quelle différence pour la manière d'opérer?

37e LEÇON.

Règle d'alliage.

On nomme *alliage* l'assemblage de différens métaux, et *mélange* celui de divers grains ou de diverses liqueurs. Mais on rapporte à la *règle d'alliage* toutes les questions relatives soit aux alliages proprement dits, soit aux mélanges.

La règle d'alliage sert : 1° à déterminer la valeur moyenne de plusieurs unités de même espèce qui ont été réunies, quand on connaît la valeur particulière de chacune d'elles. Par exemple, je mêle ensemble des vins de diverses qualités et j'en veux connaître le prix moyen, c'est-à-dire ce que vaut un litre du mélange, l'un portant l'autre.

Exemple.

On mêle ensemble 200 litres de vin à 75 c. l'un; 100 litres à 50 c. l'un, et 150 litres à 80 c. chacun. On demande à quel prix revient un litre du mélange. R. à 71 c. $\frac{1}{9}$.

Solution. 200 lit. à 75ᶜ donnent un produit de 150ᶠ

100	50	. . . .	50
150	80	. . . . . .	120

Ainsi,   450 litres coûtent ensemble   320ᶠ

Mais, si 450 litres coûtent 520 fr., un seul litre coûtera la 450ᵉ partie de 520 fr.; je divise donc 520 f. par 450 lit., et j'obtiens pour valeur d'un litre, terme moyen, 0 fr. 71 cent. 11.

Ainsi, la méthode se réduit à chercher d'abord par des multiplications la valeur de toutes les unités de même prix, à faire la somme de ces valeurs et à diviser cette somme par le nombre total des unités; le quotient sera la valeur moyenne demandée.

La règle d'alliage sert : 2° lorsque, voulant mêler plusieurs liquides, ou plusieurs métaux, ou plusieurs grains dont les prix sont connus, on désire savoir combien on doit prendre de chaque quantité pour que l'unité du mélange revienne à un prix moyen déterminé d'avance.

Exemple.

On veut mélanger des vins à 60 cent. et à 1 fr. le litre, de sorte que le litre du mélange vaille 85 cent. Combien faut-il prendre de chaque espèce ?

Prix divers :	prix moyen :	quantités à prendre :
60 cent.	85 cent.	15 litres.
1 fr. ou 100		25

Total. . . 40 litres.

Je compare 60 avec le prix moyen 85, et j'écris la différence 25 vis-à-vis de l'autre nombre 1 fr. ou de 100 cent. Je compare ensuite 100 cent. avec le prix moyen 85, et j'écris la différence vis-à-vis de 60. D'où je conclus que sur 40 litres j'en aurai 15 à 60 c. et 25 à 1 fr. En effet, toutes les fois que je prends 1 litre à 1 fr., je compte 15 cent. de trop, puisque le litre du mélange doit valoir 85 cent. Donc 25 litres à 1 fr. donnent 25 fois 15 cent. ou 3 fr. 75 cent. de perte. Mais chaque litre à 60 cent. donne 25 cent. de moins; car c'est à 85 cent. et non à 60 que doit reve-

nir le litre du mélange. Donc 15 litres à 60 c. don—
neront 15 fois 25 cent. ou 5 fr. 75 cent. de bénéfice.
Donc la perte compensera l'excédant.

Preuve.   40 litres à   85 c. donnent 54 fr.

Egalement : $\begin{cases} 15 & \text{à} & 60 = 9^f \\ 25 & \text{à 1 fr.} & = 25 \end{cases}$ Total. 54 f.

Deuxième exemple.

Dans une quantité de 560 litres, combien faut-il
de vin à 60 cent., combien d'autre vin à 45 cent. et
combien d'eau, pour que le litre du mélange revienne
à 40 cent. ?

Prix divers :	prix moyen :	quantités à prendre :
60		40 litres.
45	40	40
Prix de l'eau = 0		20 $+$ 5 litres.

105 total des litres.

Ainsi, sur 105 j'en aurai 40 à 60 c., 40 à 45 c.
et 25 à 0. J'ai comparé simultanément 60 et 0 avec
40. La différence de 60 avec 40 a été placée vis-à—
vis de 0, et la différence de 0 avec 40 a été placée
vis-à-vis de 60. J'ai ensuite comparé simultanément
45 et 0 avec 40; la différence de 45 avec 40 se place
vis—à—vis de 0 ($+$ 5), et celle de 0 avec 40 vis-à-vis
de 45. Je n'ai pu comparer simultanément 60 et 45
avec 40 par la raison que ce prix moyen 40 n'est pas
placé entre 60 et 45, et que le déficit ne pourrait ici
compenser l'excédant. Ainsi, l'on ne compare en même
temps au terme moyen que des nombres entre les—
quels ce prix moyen se trouve placé.

Maintenant, comme on ne me demande pas 105 litres, mais 560, je dois poser deux proportions.

Première. Si au lieu de 105 il faut 560, au lieu de 40 combien faudra-t-il ?

Ou $105 : 560 :: 40 : x = 215$ litres, 555 ou 215 litres 1/5 des deux premiers prix.

Deuxième. Si au lieu de 105 il faut 560, au lieu de 25 combien faudra-t-il ?

Ou $105 : 560 :: 25 : x = 155$ litres 1/5 d'eau.

Preuve. 560 lit. à 40ᵉ valent 224ᶠ

Egalement :
$$\left\{\begin{array}{l} 215 \quad 1/5 \text{ à } 60 \\ 213 \quad 1/5 \text{ à } 45 \\ 155\ 1/5 \text{ d'eau} \end{array}\right. \quad \left.\begin{array}{l} 128 \\ 96 \\ 00 \end{array}\right\} 224 \text{ fr.}$$

D'après ces deux exemples, il sera facile de conclure quelle est la méthode à suivre en pareil cas, et de l'énoncer en termes généraux.

RÉSUMÉ – QUESTIONNAIRE.

1° Qu'entend-on par *règle d'alliage ?*

2° Quel est le premier usage de cette règle ?

5° Quelle méthode faut-il suivre dans ce premier cas ?

4° Quel est le second emploi de la règle d'alliage ?

5° Quelle méthode doit-on suivre dans ce second cas ?

Donnez des exemples et rendez compte des procédés.

Comparaison des anciennes Mesures avec les nouvelles.

Mesures linéaires.

Toise ancienne (6 pieds de roi).

1 toise égale	1 mèt.	94904
1 pied	0	52484
1 pouce	0	02707
1 ligne	0	00226

Toise métrique (6 pieds métriques ou 2 mètres).

1 toise égale	2 mèt.	
1 pied	0	555 ou 1/3 de mèt.
1 pouce	0	027777 ou 1/36 de mèt.
1 ligne	0	002315

Aune usuelle en mètre.

1 aune égale	1^m	20^c
1/2 aune	0	60
1/4 aune	0	30
1/8 aune	0	15
1/16 d'aune	0	07 5

Ainsi, cette aune valait 6/5 du mètre, ou, en d'autres termes, le mètre vaut les 5/6 de l'aune. Donc 5 aunes égalaient 6 mètres. Donc à 6 fr. l'aune, le mètre vaut 5 fr.

Mesures itinéaires.

1 lieue commune valait　　　4 kil. 444 mèt. 44
1 lieue de poste　　　　　　3　　890

Depuis l'établissement des bornes milliaires sur les routes, on nomme vulgairement lieue la distance de 4 kilomètres, et d'une borne à l'autre, il y a un kilomètre.

Anciennes Mesures agraires du canton de Bourbonne et d'autres adjacens.

La toise d'arpentage de Langres, employée dans presque tout l'arrondissement de cette même ville, égalait 2 mèt. 67992. Cette toise carrée ou multipliée par elle-même, ou, en d'autres termes, 1 toise de long sur 1 toise de large égalait　7 m. carrés　182
ou　　　　　　　　　　　　　0 are　　07182
　1 pied carré égalait　　　0 m. carré 105521
　1 pouce carré　　　　　　0　　　0007528
　Le journal de Bourb. égalait 28 ares 727988
ou simplement　　　　　28 ares 75 centiares.
　Le journal de Choiseul　　43　　09
　Le journal de Larivière　　53　　60
　Le journal de Langres　　25　　85

Anciennes Mesures agraires du Barrois (partie de Lorraine), qui étaient généralement employées dans les départemens de la Meuse, de la Meurthe, des Vosges, et dans les cantons de Bourmont et de St.-Blin.

1 toise linéaire d'arpentage égalait　2 m.　　944

1 pied égalait	0 mèt.	2944
1 pouce	0	0294
1 toise carrée	8 m. car.	6629
ou	0 are	086629
1 journal	21 ares	66572
ou simplement	21	67

Mesures carrées en général.

1 toise carrée ancienne	5 mèt. carrés	798744
1 pied carré	0	105521
1 toise carrée métrique	4	*id.*
1 pied carré	0	11111

Mesures cubiques ou de solidité

1 toise ancienne cub. égalait	7 m. cub.	40389
1 pied cubique	0	0342775
1 pouce cubique	0	00001985

1 t. cub. métrique égalait	8 m. cub.	
1 pied *id.* *id.*	0	057057057
1 pouce *id.* *id.*	0	00002145

Corde en mètres cubes.

1 corde (4 pieds anciens)	4 stères	58749
1 corde (5 pieds anciens)	5	290592

Solive en mètres cubes.

1 solive égalait	0 stère	10285

On voit par là que la solive différait peu du décis-
tère.

Mesures de capacité.

Pour les liquides.

1 pièce de 5 mesures égale	2 hect.	25 lit.	
1 pièce de 4 mesures	1	80	
1 mesure	0	45	
1 pot (à Bourbonne)	0	02	5
1 pinte (*id.*)		1	8
1 chopine (*id.*)		0	9

Mesures Pondérales ou poids.

Nous comparerons aux poids métriques, non la livre ancienne, mais celle qui a été employée depuis 1812 jusqu'à 1840.

1 liv. égalait 500 gr. ou 5 hectogr. ou 1/2 kilogr.		
1 once	31	25 centigr.
1 gros	3	90625
1 grain	0	054255

Monnaies.

Le sou égale la 20e partie du franc ou 0^f 05^c

Le liard (ou 3 deniers) vaut	0	01	25
Les deux liards (ou 6 deniers) valent	0	02	50
Les trois liards (ou 9 deniers) valent	0	03	75

On voit par là que deux sous égalent un décime ou 10 centimes; 2 décimes égalent 20 centimes, etc. Par conséquent, de même que le décime est la dixième partie du franc, le centime est la dixième partie du décime ou la centième partie du franc.

Remarquez encore que 5, au rang des millièmes,

égalent 1/2 centime, puisque le centime vaut dix millièmes ou millimes; également 25 à droite des centimes égalent 1/4 de centime, et 75 aussi à droite des centimes valent 3/4 de centime.

Il faut aussi se rappeler que les centimes sont toujours au second rang, à droite des unités; qu'ainsi deux francs sept centimes s'écriront 2 fr. 07; que huit centimes s'écriront 0 fr. 08; enfin que 28 fr. 2647 par exemple se liront : vingt-huit francs vingt-six centimes, si l'on se borne à deux décimales.

N. B. Pour se servir de ces tables, il suffit de multiplier. Je veux savoir, par exemple, combien valent 6 aunes en mètres : je répète six fois la valeur de l'aune en mètres.

On me demande combien 5 onces valent de grammes; je multiplie par 5 ce que l'once vaut en grammes, et ainsi du reste.

QUESTIONS

PRATIQUES ET GRADUÉES,

Relatives à toutes les parties de l'Arithmétique renfermées dans ce Traité.

N. B. Afin que les élèves tirent un véritable fruit de la solution des problèmes qui suivent, MM. les Instituteurs ne devront pas se contenter de vérifier les opérations et d'y trouver des résultats exacts, mais encore exiger le raisonnement à l'appui des calculs, c'est-à-dire, le développement des raisons qui ont guidé les élèves dans les procédés employés par eux. On fera même bien d'exiger ce raisonnement avant les opérations. C'est le plus sûr moyen d'éviter la routine. On consultera, relativement à la marche que nous conseillons de suivre, les solutions raisonnées que nous avons présentées dans la leçon vingt-quatrième.

Sur l'Addition et la Soustraction.

(Lorsque les élèves sauront bien faire ces deux opérations, on leur posera d'abord des questions qui n'exigent que l'une ou l'autre de ces opérations, puis on passera aux questions suivantes :)

1. Vous deviez 578 fr. 50 c. plus 2.172 fr. et enfin 1.850 f. 35 c. Vous avez donné à compte 4.058 fr. Combien redevez-vous?
R. 542 fr. 85 c.

2. J'avais 535 litres ; plus 19 litres 45 ; plus 5 hectolitres et enfin 42 décalitres de vin. J'en ai consommé 53 décalitres plus 324 litres. Combien m'en reste-t-il ?   R. 620 litres 45 c.

3. On devait me livrer 354 stères 84 centistères de bois. On m'a déjà livré à différentes fois 2 décastères plus 15 st. 25 c. ; plus 8 stères et enfin 3 st. 4 décistères. Combien doit-on encore m'amener de stères ?   R. 308 st. 19 c.

4. Un marchand drapier vient d'acheter pour 4.200 fr. d'étoffes. Les frais d'emballage s'élèvent à 4 f. 50 c. ; ceux de commission et de ports de lettres à 12 fr. 25. Il veut gagner 430 fr. sur le tout. Combien recevra-t-il pour toutes ces marchandises? Et s'il a

déjà vendu pour 8.508 fr., quelle valeur représentent les marchandises qui lui restent ?

R. { 4646 fr. 75 c.
{ 1138 fr. 75 c.

5. Un terrain comprenait 18 hectares 25 ares ; on a vendu 137 ares 35 centiares ; plus 209 ares 4 déciares. A combien d'hectares, d'ares, etc., se réduit le terrain en question ? R. à 14 hectares 78 ares 25 centiares.

6. D'un lingot de plomb pesant 18 kilogr. 135 grammes, on a enlevé à différentes fois 85 hectogr. plus 27 décagr. plus 154 gr. Quel est maintenant le poids du lingot ? R. 9 k. 211 grammes.

----⟶◦⟵----

Sur les trois premières opérations.

(Lorsque les élèves sauront faire la multiplication et résoudre des problèmes qui n'exigent que cette opération, on passera aux problèmes suivans :)

7. Exprimez de cinq manières la quantité de 853 myriamètres : 1° en mètres ; 2° en décamètres ; 3° en hectomètres ; 4° en kilomètres ; 5° en décimètres.

8. Exprimez de trois manières la quantité de 85.673 décalitres ; 1° en litres ; 2° en décilitres ; 3° en centilitres.

9. Vous avez 3 fr. 25 c. de revenu par jour. Combien aurez-vous pour 5 mois, tous les mois étant supposés égaux, ou de 30 jours ? R. 487 fr. 50 c.

10. Vous avez 6 fr. 15 c. de revenu par jour. Combien aurez-vous pour un an ? Combien pour 4 ans ? Et combien pour 6 ans 3 mois ?

R. { 2.244 fr. 75 c.
{ 8.979 fr.
{ 14.022 fr.

11. Combien y a-t-il de minutes dans un an, l'année comprenant 365 jours, le jour 24 heures et l'heure 60 minutes ?
R. 525.600 minutes.

12. Vous vendez 35 centimes le litre de vin. Combien à ce prix vaudront 548 hectolitres ? R. 19.180 fr.

13. Je viens d'acheter 5 tonneaux de vin contenant chacun 2 hectol. 25 et l'hectolitre est évalué à 12 fr. 40 c. Combien dois-je payer ? R. 139 fr. 50 c.

14. Un principal locataire paie 2.670 fr. pour le loyer d'une maison. Quel est son bénéfice annuel, s'il a 20 sous-locataires qui

lui donnent chacun 45 f. par trimestre ou 4 fois par an ? R. 930 f.

15. On m'a vendu 25 mètres 45 cent., plus 12 mètres, plus 18 centimètres, plus 4 décimètres d'une même étoffe qui vaut 7 fr. 45 c. le mètre. Combien dois-je payer ?   R. 283 fr. 32 c.

16. Un ouvrier gagne par jour 2 fr. 50 ; sa femme 1 fr. 35 et leur fils 1 fr. 05 dans le même temps. Par jour ils dépensent 3 fr. 25 c. Combien auront-ils économisé dans 6 semaines ? R. 39 f. 90.

17. Un fermier devait 5.000 fr. à son propriétaire ; il lui donne en paiement 60 hectolitres de blé à 18 fr. 75 c. l'un ; 45 hectolitres d'avoine à 7 fr. 35 l'un ; 48 décalitres de vin estimés 0 fr. 12 c. le litre ; enfin pour 360 fr. de bois de chauffage. Que doit-il encore ?   R. 3.126 fr. 65 c.

18. En vendant 120 hectolitres pour 3.600 fr. on gagne 5 centimes par litre. Combien avait-on payé le tout ?   R. 3.000 fr.

19. On a acheté une substance médicale à 36 fr. le kilogramme et on la revend 8 centimes le gramme. Que gagne-t-on sur 5 kilog. ? R. 220 fr.

20. Un particulier a acheté une coupe de bois de 1.400 arbres qui lui ont produit 4.209 stères 25 de gros bois et 21.500 fagots. Il a vendu le gros bois 10 fr. le stère et les fagots 0 fr. 07 c. 85 la pièce. Il avait payé les 1.400 arbres 30.800 f. ; il a donné de plus 2 f. 25 c. pour la façon de chaque stère de bois et 416 fr. 25 pour celle des fagots. Combien lui reste-t-il de bénéfice ?   R. 3.093 fr. 18 c. 3/4.

N. B. Il sera bon d'exercer les élèves à dresser des mémoires de comptes, des factures, etc.

Sur la Division jointe à l'une ou à plusieurs des opérations précédentes.

(Lorsque l'élève saura bien faire la division et résoudre des problèmes qui n'exigent que cette opération, on passera aux questions qui suivent :)

21. Exprimez de diverses manières la quantité de 35.378 litres : 1° en décalitres, etc. ; 2° en hectolitres, etc. ; 3° en myrialitres, etc.

22. Exprimez de diverses manières la quantité de 578.709 centigrammes : 1° en grammes, etc. ; 2° en décagrammes, etc. ; 3° en hectogrammes, etc. ; 4° en kilogr., etc.

23. Vous avez 5.787 fr. de revenu annuel ; combien par jour ? R. 15 fr. 85 c. 4.

24. Vous gagnez 1.875 fr. par an, et vous voulez économiser 1 fr. 35 c. par jour. Combien pouvez-vous dépenser par jour ? R. 3 fr. 78 c. 4.

25. Vous payez 185 fr. pour 1257 litres. A combien revient l'hectolitre ? R. à 14 fr. 72 c.

26. Combien y a-t-il de doubles décalitres dans 35 hectol. 50 litres ? R. 177 doubles décal. 5 dixièmes ou 10 litres.

27. Le double décalitre de blé valant 3 fr. 75 c.; combien coûteront 23 hectol. 45 litres ? R. 439 fr. 68 c. 75.

28. On vient d'acheter 7 décimètres de percale à 4 fr. 50 c. le mètre. Que doit-on payer ? R. 3 fr. 15 c.

29. Je vends 45 centimètres de drap à 12 fr. 65 c. le mètre. Combien dois-je demander à l'acheteur ? R. 5 fr. 69 c.

30. Vous payez 175 fr. pour 25 rames de papier contenant chacune 20 mains et la main 25 feuilles. A combien revient la feuille ? R. à 0 fr. 01 c. 4.

31. On a payé 46 fr. 20 c. pour un achat de 36 k. 500 grammes plus 17 décagr. 1 gr. 25 centigr. A combien revient le kilogramme ? R. à 1 fr. 26 c.

32. Une caisse de marchandise qui pesait 358 kilogr. a coûté 382 fr. 50. La caisse vide ne pèse plus que 14 kilogr. A combien revient le kilogr. net ou de marchandise seule ? R à 1 fr. 11 c.

33. On vend 75 centimes 32 grammes d'une certaine substance. Combien vaudront 12 kilogr. 450 grammes de la même marchandise ? R. 291 fr. 80 c. à 4 millièmes près.

34. Pour faire 354 mètres 45 c. d'ouvrage, on a employé 60 ouvriers qui ont achevé la besogne en 18 jours. Chaque mètre est revenu à 12 fr. Combien chaque ouvrier a-t-il gagné par jour ? R. 3 fr. 93 c. 3.

35. Un pain de sucre pèse 6 kilogr. 352 gr. Il a été acheté à raison de 1 fr. 92 c. 5 le kilogr. A combien revient le kilogr. net, c'est-à-dire le kilogr. de sucre sans papier, supposé que le papier pèse 458 grammes ? R. à 2 fr. 07 c. 28.

36. J'avais acheté 2.634 gr. 86 centigr.; plus 18 décagr. 15 mil.gr. d'une même marchandise, au prix de 5 fr. 40 c. l'hectogr. J'ai revendu le tout à 0 fr. 48 c. le décagr. Quelle perte ai-je faite ? R. 16 fr. 89 c. à un millième près.

37. Prenez séparément le tiers et le quart de 1.482 mètres et dites quel en est le total. R. 864 mètres 50 c.

38. Trouvez en grammes le huitième d'un kilogr. et dites ensuite combien valent en grammes les sept huitièmes, ou 7 fois le huitième d'un kilogramme? R. 875 grammes.

Fractions.

(*Quand l'élève saura convertir les fractions ordinaires en décimales, on lui proposera les problèmes qui suivent :*)

39. Réduisez 5/16, 7/8, 3/5, 7/15 en décimales et dites le total. R. 2 unités 25.416 cent-millièmes.

40. D'un coupon d'étoffe on a enlevé 4 mètres 3/20 et il en reste 21 mètres 2/5. Quelle était la longueur du coupon? R. 25 mèt. 55 centim.

41. Il manque 3 hectogr. 3/4 pour qu'un ballot pèse 15 kilogr. $\frac{1}{2}$. Quel en est le poids? R. 15 k. 125 gr.

42. Dites le prix de 4 mètres 3/4 à 15 fr. 1/4 le mètre? R. 72 fr. 43 c. $\frac{3}{4}$.

43. Une quantité de 24 mètres 3/4, plus 5 mèt. 1/2, plus 18 mèt. 1/4 coûte 472 fr. A combien revient le mètre? R. à 9 fr. 73 c.

44. Les 5/18 d'un ouvrage ont été payés 6 fr. Combien paiera-t-on l'ouvrage entier? R. 21 fr. 60.

45. On m'envoie 578 kilogr. de marchandise et l'on me fait remise des 5/21 pour le poids de l'emballage. Combien d'hectogr. aurai-je à payer? R. 4.403 héctog. 80 gr. 5.

46. L'hectolitre de vin valant 13 fr. 80 c., combien vaudront 22 décal. 4/25? R. 30 fr. 58 c.

47. Un ouvrier ferait seul une besogne en 15 heures. Un autre la ferait en 12 heures. S'ils travaillent ensemble, combien leur faudra-t-il de temps? R. 6 jours 66 centièmes ou 6 jours 2/3.

48. On a employé 8/9 de mètre de toile à une serviette. Combien faudra-t-il de la même toile pour 15 douzaines 5/6 de serviettes? R. 168 mèt. 88 centim.

Règle de trois simple.

49. Six douzaines d'objets ont coûté 7 fr. 50 c. Combien paiera-t-on 300 objets semblables? R. 31 fr. 25 c.

50. On veut expédier une caisse pesant 285 kilogr. Le roulier demande 12 fr. par quintal métrique ou par 100 kilogr. Que doit-on payer ?   R. 34 fr. 20 c.

51. Un ouvrage doit-être achevé par un ouvrier dans 18 jours. Au bout de 4 jours de travail, il a fait 43 mètres ; on veut savoir si, en continuant ainsi, il parviendra à terminer la besogne qui est de 189 mètres ?   R. Oui.

52. Pour un terrain long de 90 mètres on a payé 70 fr. Combien devrait-on payer, s'il n'avait que 80 mètres en supposant la largeur égale ?   R. 62 fr. 22 c.

53. Si 18 ouvriers emploient 25 jours à faire un certain ouvrage, combien de jours faudra-t-il à 17 ouvriers ?   R. 26 j. 1/2.

54. Un ouvrage ayant été achevé en 11 jours par 213 ouvriers, combien eût-il fallu d'ouvriers pour le faire en 3 jours ?   R. 781.

55. La vente de 58 hectolitres de vin a rapporté à un aubergiste 599 fr. de bénéfice. Combien gagne-t-il sur 35 litres ?   R. 3 fr. 61.

N. B. On fera résoudre ces problèmes par les proportions et par la réduction à l'unité.

Règle de trois composée.

56. On a 2.562 fr. par an ; combien pour 3 ans 5 mois et 28 jours ?   R. 15.954 fr. 59 c.

57. Un maître maçon emploie 8 ouvriers pour faire en 7 jours 50 mètres 35 d'un mur. Il lui en reste à faire 41 mètres. Mais 2 de ses ouvriers le quittent. Combien de jours faudra-t-il aux 7 ouvriers qui lui restent pour achever la besogne ?   R. 7 jours 6/10.

58. Un tisserand, en travaillant 5 jours et 13 heures par jour, a fait 10 mètres 25 de toile. Combien de mètres fera-t-il dans 8 jours en travaillant 10 heures $\frac{1}{2}$ par jour ?   R. 13 mètres 246.

59. Trois voyageurs ont dépensé 48 fr. en 4 jours. Au bout de ce temps, ils rencontrent 2 amis avec lesquels ils continuent leur voyage pendant 3 semaines. Combien dépenseront-ils à proportion dans ce dernier espace de temps ?   R. 420 fr.

60. Un pensionnat composé de 100 élèves a coûté 2.250 fr. d'entretien pendant 15 jours. A combien s'élevera la dépense de 45 jours, si l'on augmente le pensionnat de 20 élèves ?   R. à 8.400 fr.

61. On a fait en 8 jours 140 mètres d'étoffe à 3/4 de large. Combien dans 15 jours fera-t-on de mètres d'une étoffe à 5/6 de large ?   R. 236 mètres 1/4.

N. B. Ces questions seront résolues par les proportions et par la réduction à l'unité.

Intérêts.

62. Trouvez l'intérêt annuel de 549 fr. ; celui de 1.258 fr. ; celui de 1.359 fr. 25 c. à raison de 5 pour cent.

$$\text{R.} \begin{cases} 27 \text{ fr. } 45 \text{ c.} \\ 62 \quad\;\; 90 \\ 67 \quad\;\; 96 \end{cases}$$

63. Quel est l'intérêt annuel de 78 fr. 45 c. à 6 pour % ?   R. 4 fr. 71 c. à 3 millièmes près.

64. Trouvez l'intérêt de 375 fr. 85 c. prêtés pendant 3 ans au taux de 5 ?   R. 56 fr. 37 c. 3/4.

65. Quel est l'intérêt de 853 fr. pendant 7 mois au taux de 5 ?   R. 24 fr. 88 c.

66. Dites l'intérêt de 642 fr. 45 c. pendant 17 mois 8 jours au taux de 6.   R. 55 fr. 46 c.

67. Combien devra-t-on percevoir **d'intérêts** pour 578 fr. prêtés pendant 3 ans 5 mois 9 jours ? Et si l'on ne paie la rente qu'au bout de ce temps, combien l'emprunteur devra-t-il verser, capital et intérêts au taux de 4 ?   R. 657 fr. 57 c.

68. J'emprunte 30 fr. et je donne 5 centimes d'intérêt par semaine. Combien me prend-on d'intérêt par cent pour l'année qui contient 52 semaines ?   R. 8 fr. 66 c. 2/3.

69. Je voudrais placer à 4 pour % un certain capital dont les intérêts pussent suffire pour ma dépense annuelle. Si je dépense par jour 6 fr. 40 c., quelle somme faut-il placer ?   R. 58.400 fr.

70. Je peux vendre le demi-kilogr. de sucre 90 centimes et je voudrais gagner 24 fr. sur 100 kilogr. Combien faut-il que je paie pour le quintal métrique (100 kilogr.) ? De plus combien gagnerai-je par cent du prix coûtant ?   R. $\begin{cases} 456 \text{ fr.} \\ 15 \text{ fr. } 38 \text{ c. } 4. \end{cases}$

Escompte.

71. Que devient le capital 7.586 fr. escompté à 6 pour % et pour un an ?   R. 7.130 fr. 84.

72. Que devient le capital 5.824 fr. escompté pour 6 mois au taux de 5? R. 5.678 fr. 40 c.

73. A combien se réduisent 1.750 fr. escomptés pour 9 mois 5 jours au taux de 4? R. à 1.696 fr. 53 c.

74. Quel est l'escompte de 358 fr. 75 pour 45 jours, à 6 pour cent par an? R. 2 fr. 69.

75. On veut payer 400 fr. avec un billet de 528 fr. dont l'échéance n'aura lieu que dans 5 mois. Combien doit recevoir en retour le porteur du billet, si l'on escompte à 6? R. 114 fr. 80 c.

76. On remet 3 pour cent de tare sur le poids d'une marchandise que l'on vend 4 fr. 50 c. le kilogr. net. Que paiera-t-on pour un ballot pesant brut 184 kilogr.? R. 803 fr. 16 c.

77. On paie un ballot de 145 kilogr. à 3 fr. 25 le kilogr. brut. Si l'emballage pèse 18 kilogr., a combien revient le kilogr. net ou de marchandise. De plus combien doit-on revendre 100 kil. pour faire un bénéfice de 13 fr. sur 100 francs?

R. { à 3 fr. 71 c. 06
{ 419 fr. 30 c. à trois millièmes près.

Règle de société.

78. Quatre marchands mettent en fonds commun, le premier 2.800 fr., le deuxième 2.900 fr. ; le troisième 3.000 fr. et le quatrième 6.300 fr. A la dissolution de la société, comment partageront-ils le bénéfice qui s'élève à 24.000? R. Le premier aura 1.680 fr.; le deuxième 1.740 fr. ; le troisième 1.800 fr. et le dernier 3.780.

79. Deux personnes font ensemble une avance de 8.500 fr. La première met au fonds commun 5.434 fr. et l'autre, le reste. Comment partageront-elles le bénéfice de 600 fr.? R. Le premier aura 383 fr. 57 c. 6, et l'autre 216 fr. 47 c. 3.

80. Deux entrepreneurs ont employé pour le même ouvrage, le premier 52 ouvriers pendant 40 jours, et le second 58 ouvriers pendant 80 jours. Le prix de ces travaux s'élevant à 6000 fr., combien chaque entrepreneur doit-il recevoir, si l'on suppose tous les ouvriers de forces égales? R. Le premier aura 1.857 fr. 14 c. et l'autre 4.142 fr. 86 c.

81. Auguste et Paul mettent en fonds commun un total de 16.000 fr. Au bout de 2 ans ils partagent le gain, et Paul qui avait

avancé 9.000 fr. reçoit 1.800 fr. pour son bénéfice. Combien Auguste doit-il recevoir, s'il n'a laissé son argent dans la société que pendant 20 mois, tandis que Paul a fait fructifier le sien pendant 2 ans? R. Auguste aura 1.166 fr. 66 c. 2/3.

82. Trois associés ont fait un bénéfice de 4.800 fr. Le premier avait avancé 3.000 fr. pendant 2 mois; le deuxième 2.400 francs pendant un an et le troisième 1.650 fr. pendant 18 mois. Partagez entre eux leur bénéfice.

R. { Le premier aura   446 fr. 51 c. 16.
    { Le deuxième aura 2.143 fr. 25 c. 56.
    { Le troisième aura 2.210 fr. 23 c. 24.

83. Partagez 846 fr. entre 3 personnes de sorte que la première ait 45 fr. de plus que chacune des deux autres. R. La première aura 312 fr. et chacune des autres, 267 fr.

84. Deux associés ont fait une entreprise qui n'exigeait pas d'avance. Le premier a pris 52 fr. sur le bénéfice; le second a pris d'abord 84 fr. mais il a remis 25 fr. L'entreprise terminée, il reste un bénéfice de 528 fr. à partager. Comment fera-t-on ce partage, eu égard aux sommes prélevées par les associés? R. Le premier aura 267 fr. 50, et le second 260 fr. 50 c.

85. Deux associés ont mis chacun 400 fr. dans une entreprise. Le premier a prélevé 120 fr. sur le fonds commun; le second au contraire a payé une dépense de 36 fr. pour l'association. A la fin il se trouve 1.500 fr. à partager. Comment fera-t-on ce partage, et combien chaque associé a-t-il fait de bénéfice? R. Le premier aura 672 fr. et l'autre 828 fr. Chacun a gagné 392 fr.

86. Deux cantons doivent fournir un contingent de 82 hommes, à raison de la population qui est de 20.000 âmes pour le premier et de 31.500 pour le second. Faites la répartition du contingent avec le plus d'exactitude possible. R. Le premier canton fournira 32 hommes, et le second 50.

Alliage.

87. On mélange 30 litres de vin à 85 cent. le litre avec 50 litres à 1 fr. 35 c. chacun. Quelle sera la valeur d'un litre du mélange? R. 1 fr. 16 c. 1/4.

88. On mêle 56 litres de vin à 75 cent. avec 2 litres d'eau-de-vie à 1 fr. 25 c. le litre, et 8 litres d'eau. Quelle est la valeur d'un litre du mélange? R. 67 c. 42.

89. Ayant tiré les 2/3 d'un tonneau contenant 240 litres, on le remplit avec du vin à 35 c. le litre. A combien revient le litre du mélange, si le premier vin vaut 20 c. le litre?   R. à 30 c.

90. On veut mêler du blé à 19 fr. l'hectolitre avec d'autre à 17 fr. 50 c. l'hectol. Comment doit-on faire ce mélange, si l'on veut que le prix moyen soit de 18 fr. 50 c. l'hectolitre?   R. 100 hect. au premier prix et 50 hect. au second.

91. Dans un tonneau contenant 250 litres on voudrait mettre du vin à 75 c. le litre, et d'autre à 50 cent., de sorte que le mélange revint à 60 c. le litre. Combien faut-il de l'un et de l'autre vin?   R. 100 litres au premier prix et 150 au second.

92. A une quantité de 120 litres valant 45 centimes chacun, plus 36 litres valant 50 centimes l'un, combien faut-il mêler d'eau pour que le litre revienne à 40 c. prix moyen?   R. 24 litres d'eau.

Questions diverses.

93. Un rentier qui jouissait d'un revenu annuel de 8.166 f. économisa 14.732 fr. en 16 ans. Combien dépensait-il par jour ?
R. 19 fr. 85 c.

94. Deux particuliers ont acheté ensemble 168 mètres 45 c. de drap pour 3.540 fr. Le premier en prend pour 1.250 fr. et l'autre prend le reste. Combien chacun aura-t-il de mètres?   R. Le premier aura 59 mètres 48, et l'autre 108 mètres 97.

95. Un capital qui rapporte par an 400 fr. d'intérêt, est placé depuis 6 ans et le sera encore plus long-temps. On place un second capital qui rapporte 700 fr. annuellement. En combien d'années les intérêts produits par le second capital égaleront-ils ceux du premier?   R. En 8 ans.

96. Un champ renferme 4 fois 28 ares 73 c. J'en ai acheté le tiers, et cette portion doit avoir 18 mètres de largeur. Combien prendrai-je sur la longueur, si l'are vaut 100 mètres carrés, ou s'il est généralement le produit d'une longueur et d'une largeur facteurs de 100 ?   R. 638 mètres 44.

97. Un fabricant a des marchandises qui valent 7.000 fr. comptant, somme qu'il placerait dans le commerce à 6 pour cent. Il se présente un acheteur qui demande un crédit de 9 mois. Combien lui vendra-t-on ces marchandises pour ne rien perdre ?   R. 7.315 f.

98. En combien de temps 3 ouvriers, dont l'un fait 5 mètres par

jour, le deuxième 6 mètres et le troisième 4 mètres, feront-ils un ouvrage de 100 mètres. Et à combien reviendra le mètre, s'ils ont 10 fr. en tout par jour ?   R.   6 jours 2/3.
                                         à 66 c. 2/3.

99. Une vigne affermée pour 250 fr. par an rapporte par ce moyen au propriétaire 5 pour cent de sa valeur. On voudrait, en la vendant, profiter autant que si l'on plaçait pendant un an son argent à 6. Combien la vendra-t-on ?   R. 5.339 fr.

100. Un négociant avait des marchandises pour lesquelles on lui offrit 8 000 fr. comptant. Il refusa cette proposition et vendit pour 2.000 fr. comptant et 6.300 fr. payables dans 8 mois sans intérêt. Dites s'il y a perte ou gain pour le marchand ; et pour le savoir déterminez la valeur réelle des 6.300 fr. escomptés pour les 8 mois au taux annuel de 6.   R. Il gagne 48 fr. les 6.300 fr. valant comptant 6.048.

ERRATA.

Page 12 *ligne* 24, décimal *lisez* décimale.

Page 16 *ligne* 19, vaux *lisez* vaut.

Page 17 *ligne* 13, terreste *lisez* terrestre.

Page 18 *ligne* 3, doit-être *supprimez le trait d'union.*

Page 25 *ligne première de l'opération* 3985 *lisez* 3685.

Page 25 *ligne* 12, doivent-être *lisez* doivent être.

Ibid.   *ligne* 24, *après* lui-même *mettez un point et une majuscule au mot suivant.*

Page 40 *ligne* 11, *supprimez le trait d'union.*

Page 45 *ligne* 7, *après* 100 *fois supprimez la virgule.*

Page 65, *la ligne* 17 *doit commencer un peu plus à droite, de sorte que le* 6 *de* 56 *soit au-dessus du* 8 *de la ligne suivante.*

Page 68 *ligne* 26 *après je* voudrais *ajoutez entre deux virgules* en les revendant.

Page 80 *ligne* 2, 153 *jours lisez* 135 *jours.*

Page 74 *ligne* 3, *au lieu de* 2° *lisez* 2°.

Page 96 *ligne* 9, *au lieu de* 500 *lisez* 5000.

Note sur la leçon dix-neuvième, page 59.

S'il y avait plus de décimales au dividende qu'au diviseur, on ajouterait au diviseur assez de zéros pour que ce dernier terme renfermât autant de décimales que le dividende; puis, en supprimant la virgule, on opérerait comme sur des nombres entiers.

Ce procédé est fondé sur les mêmes raisons que les méthodes précédentes.

Note sur le quatrième cas de la Règle d'intérêt, page 89.

Lorsqu'il faut chercher, au taux annuel de 6, l'intérêt pour des mois et des jours, au lieu de poser deux proportions successives, les banquiers et les négocians emploient la méthode suivante, basée sur la propriété qu'ont les proportions de pouvoir être multipliées terme à terme l'une par l'autre, sans cesser de former une proportion.

Après avoir mis les mois, etc., en un seul nombre de jours, multipliez le capital par les jours, séparez trois décimales de plus et prenez-en le 6ᵉ.

Ainsi, dans le cas où vous prêteriez 673 fr. pendant 5 mois 19 jours au taux annuel de 6, vous pourriez opérer comme il suit :

673 fr. $\times$ 169 jours $=$ 113.757, et 113.757 fr. : 6 $=$ 17 fr. 96 c. 6, intérêt cherché.

TABLE DES MATIÈRES.

Définitions. 7
Numération. 9
Manière d'écrire et de lire les nombres. 12
Parties décimales. 14
Système métrique. 17
Observations sur les nouvelles mesures. 20
Addition des nombres entiers. 22
Addition des nombres décimaux. 24
Soustraction des nombres entiers. 29
Soustraction des nombres décimaux. 33
Preuve de l'Addition. 35
Preuve de la Soustraction. 36
Multiplication des nombres entiers. 37
Cas particulier.. 41
Multiplication des nombres décimaux. 43
Division. 46
Cas particulier dans la division des nombres entiers. . . . 50
Division des nombres décimaux. Décimales au dividende seul. 54
Décimales aux deux termes de la division, ou au diviseur seul. 57
Dividende qui ne contient pas le diviseur un nombre de fois
    exprimé par des unités. 59
Moyen d'abréger la division dans certains cas. 61
Preuve de la Multiplication. 64
Preuve de la Division. 66
Quelques applications des quatre premières opérations. . . 68
Fractions. 70
Proportions. 74
Règle de trois simple. 76
Moyen d'abréger la Règle de trois, ou Réduction à l'unité. 80
Règle de trois composée. 82
Réduction à l'unité employée pour la Règle de trois composée. 85
Règle d'Intérêt. 86
Escompte. 90
Règle de Société simple. 92
Observations sur la Règle de société simple. 94
Règle de Société composée. 97
Alliage. 99
Conversion des anciennes mesures en nouvelles. 103
Questions pratiques de calcul. 108